천성선이 들려주는
평면곡선 이야기

| 오 혜 정 지음 |

㈜자음과모음

수학자라는 거인의 어깨 위에서

보다 멀리, 보다 넓게 바라보는 수학의 세계!

　수학 교과서는 대개 '결과'로서의 수학을 연역적으로 제시하는 경향이 강하기 때문에 학생들은 수학이 끊임없이 진화해 왔다는 생각을 하기 어렵습니다. 그렇지만 수학의 역사는 하나의 문제가 등장하고 그에 대해 많은 수학자들이 고심하고 이를 해결하는 가운데 새로운 아이디어가 출현해 온 역동적인 과정입니다.

　〈수학자가 들려주는 수학 이야기〉는 수학 주제들의 발생 과정을 수학자들의 목소리를 통해 친근하게 이야기 형식으로 들려주기 때문에 학생들이 수학을 '과거완료형'이 아닌 '현재진행형'으로 인식하는 데 도움이 될 것입니다.

　학생들이 수학을 어려워하는 요인 중의 하나는 '추상성'이 강한 수학적 사고의 특성과 '구체성'을 선호하는 학생의 사고의 특성 사이의 괴리입니다. 이런 괴리를 줄이기 위해서 수학의 추상성을 희석시키고 수학개념과 원리의 설명에 구체성을 부여하는 것이 필요한데, 〈수학자가 들려주는 수학 이야기〉는 수학 교과서의 내용을 생동감 있게 재구성함으로써 추상적인 수학을 구체성을 갖는 수학으로 변모시키고 있습니다. 또한 중간중간에 곁들여진 수학자들의 에피소드는 자칫 무료해지기 쉬운 수학 공부에 있어 윤활유 역할을 할 수 있을 것입니다.

〈수학자가 들려주는 수학 이야기〉의 구성을 보면 우선 수학자의 업적을 개략적으로 소개하고, 6~9개의 강의를 통해 수학 내적 세계와 외적 세계, 교실 안과 밖을 넘나들며 수학 개념과 원리들을 소개한 후 마지막으로 강의에서 다룬 내용들을 정리합니다. 이런 책의 흐름을 따라 읽다 보면 각 시리즈가 다루고 있는 주제에 대한 전체적이고 통합적인 이해가 가능하도록 구성되어 있습니다.

〈수학자가 들려주는 수학 이야기〉는 학교 수학 교과 과정과 긴밀하게 맞물려 있으며, 전체 시리즈를 통해 학교 수학의 많은 내용들을 다룹니다. 예를 들어 《라이프니츠가 들려주는 기수법 이야기》는 수가 만들어진 배경, 원시적인 기수법에서 위치적 기수법으로의 발전 과정, 0의 출현, 라이프니츠의 이진법에 이르기까지를 다루고 있는데, 이는 중학교 1학년의 기수법의 내용을 충실히 반영합니다. 따라서 〈수학자가 들려주는 수학 이야기〉를 학교 수학 공부와 병행하면서 읽는다면 교과서 내용의 소화 흡수를 도울 수 있는 효소 역할을 할 수 있을 것입니다.

뉴턴이 'On the shoulders of giants'라는 표현을 썼던 것처럼, 수학자라는 거인의 어깨 위에서는 보다 멀리, 넓게 바라볼 수 있습니다. 학생들이 〈수학자가 들려주는 수학 이야기〉를 읽으면서 각 수학자들의 어깨 위에서 보다 수월하게 수학의 세계를 내다보는 기회를 갖기를 바랍니다.

홍익대학교 수학교육과 교수 | 《수학 콘서트》 저자 **박 경 미**

세상의 아름다움과 자연스러움
그 이면엔 수학적 디자인, '평면곡선'이 있다!

고개를 돌려 주변을 조금만 유심히 살펴보세요.

보이는 것마다 온통 선과 면들로 이루어져 있죠? 직선, 곡선, 평면, 곡면! 이들 선과 면이 세상을 디자인하면서 독특하고 아름다운 모습을 연출하고 있다고 할 수 있습니다. 반듯한 직선은 단순함과 간결함을 나타내고, 곡선은 유연함과 융통성을 풍기면서 말이에요.

단순한 모양인 직선에 비해, 곡선은 구부러진 정도 및 사물의 특성, 상황에 따라 다양하게 활용되고, 그에 따라 모양도 매우 다양해집니다.

컵이나 주방 용기에 주로 활용되는 원기둥 모양에 나타나는 원.

야구 선수가 친 공이 날아가며 그리는 포물선.

영종대교와 남해대교를 아름답게 하는 현수선.

사찰의 건물 지붕이나 기와지붕에서 볼 수 있는 부드러운 용마루선.

청룡 열차의 짜릿한 스릴을 맛볼 수 있도록 하는 철로의 사이클로이드 곡선.

달팽이나 호박 넝쿨의 귀엽고 앙증맞은 소용돌이선.

이들 곡선은 각각의 모양에 따라 지니고 있는 특성 또한 제각각입니다. 우리나라의 명물이 된 영종대교의 현수선을 나타내는 우아한 곡선의 무거운 쇠줄은 아름다운 외양을 위해 다리에 매달아 놓은 것처럼 보이지만 실제로는 수만 킬로그램의 철근 콘크리트와 많은 차량을 포함한 무거운 다리를 안전하게 지탱하는 역할을 합니다.

달팽이가 소용돌이선 모양을 하는 것은 세포들의 성장 속도 차이로 인해 나타나는 현상이며, 송골매는 양 옆으로 난 눈의 위치 때문에 등각 나선을 그리며 사냥감에 접근하기도 합니다.

이와 같이 우리 주변에서 쉽게 발견할 수 있는 사회현상이나 자연현상을 수학적인 시각으로 재조명해 보면서 우리는 수학에 보다 친근하게 접근할 수 있는 기회를 얻을 수 있습니다. 교과서 속의 수학이 수학을 접하는 유일한 방법인 학생들에게 있어서 수학은 자칫 사람 사는 일과는 거리가 먼 학문처럼 느껴질 수 있습니다. 낯설고 익숙지 않은 수식으로 가득 차 있는 교과서 속 수학이 학습 방법 측면에서 많은 변화를 추구하고 있기는 하지만 여전히 사람 사는 일의 일부임을 보이기에는 어려움이 많은 실정입니다.

이 책에서는 몇 가지 곡선만으로도 세상의 일부를 디자인할 수 있으며, 이를 통해 여러 곡선들이 어떻게 아름다움을 표출하고 자연의 효율성을 이끌어 내는지를 보여 주고자 하였습니다. 이로써 결코 수학이 세상 밖의 쓸모없는 이론이 아님을 알 수 있을 것입니다.

이 책을 통해 수학이라는 학문 안에 자신의 정체를 숨기고 있던 곡선들이 이론이라는 벽을 뚫고 뛰쳐나와 현실의 '세상'에서 화려하진 않지만 사람 사는 일에서 중요한 역할을 하고 있다는 것을 이해하는 데 큰 도움이 되리라 기대해 봅니다.

2008년 8월 오 혜 정

차례

1 이 책은 달라요

《천성선이 들려주는 평면곡선 이야기》는 우리 주변에서 쉽게 발견할 수 있는 아름다운 곡선인 현수선, 사이클로이드 곡선, 로그나선에 대하여 각각이 지닌 고유한 특성과 그 특성이 어떻게 생활 속에서 활용되고 아름다움을 나타내고 있는지를 천성선 선생님의 명쾌한 강의와 잘 안내된 체험 활동을 통해 친절하고 재미있게 알려줍니다. 또 이들 곡선은 자연이 보다 효율적인 생존을 위해 선택한 방식이라는 것을 다양한 예를 통해 설명함으로써 수학이 사회와 자연현상을 해석하고 설명하는 한 요소임을 이해하도록 합니다.

각 곡선을 볼 수 있는 대표적인 장소를 찾아가 탐색하는 '답사'라는 체험 활동 형식을 통해 각 곡선을 소개함으로써 생동감과 현실감을 느낄 수 있습니다. 이러한 흥미 유발은 보다 친근하게 수학을 접할 수 있는 기회를 제공할 것입니다.

2 이런 점이 좋아요

1 교과서 내에서 접하기 힘든 어려운 내용이지만 실제로 적용해 볼 수 있는 다양한 체험 활동을 통한 설명과 각 곡선이 적용된 실례를 자세히 소개함으로써 각 곡선의 성질 및 그 활용을 충분히 이해할 수 있도록 하고 있습니다. 각 곡선을 나타내는 식은 초 · 중 · 고등학교 과정을 벗어나는 어려운 것이지만 식을 제시하기에 앞서 극좌표를 자세히 설명함으로써 어렵고 복잡한 식을 이해하는 데 도움을 줍니다.

2 곡선의 가장 두드러진 특성은 구부러져 있다는 것입니다. 때문에 구부러진 정도에 따라 그 모양이 결정되기도 하고 또 다른 특성을 나타내기도 합니다. 이 책에서는 우리 주변에서 곡선을 나타내는 대표적인 것인 도로를 통해 구부러진 정도를 나타내는 곡률에 대해 보다 쉽게 이해할 수 있도록 설명합니다.

3 각 곡선과 관련된 사회현상이나 자연현상을 수학적으로 설명함으로써 수학이 이론에 치우친 학문이 아닌 세상을 설명하는 한 요소임을 이해하게 합니다.

4 동양인 수학자 천성선을 소개함으로써 수학이 서양 중심의 학문이라는 편견을 없애는 데 도움이 됩니다.

3 교과 과정과의 연계

구분	학년	단원	연계되는 수학적 개념과 내용
초등학교	3	도형	평면도형의 이동
	6	측정	원주율과 원의 넓이
		도형	여러 가지 입체도형
중학교	7	함수	순서쌍과 좌표, 함수의 식
		기하	점·선·면, 평면도형, 입체도형, 원
	9	함수	이차함수, 포물선
		기하	원의 성질, 삼각비
고등학교	10	함수	일반각과 호도법, 삼각함수
		도형의 방정식	원의 방정식, 접선
	수학 II	함수의 극한	함수의 극한
		이차곡선	포물선, 쌍곡선, 타원
	미분과 적분	함수의 극한	지수함수와 로그함수의 극한 무리수 e와 자연로그의 뜻
		미분법, 적분법	여러 가지 함수의 미분법과 적분법

4 수업 소개

첫 번째 수업 _곡선의 굽은 정도, 곡률

대관령이나 미시령은 구불구불한 길의 대명사입니다. 이 도로를 자세히 살펴보면 굽은 정도에 따라 같은 도로일지라도 모양이 천차만별로 다름을 확인할 수 있습니다. 그렇다면 굽은 정도는 어떻게 나타낼까요? 이 수업에서는 곡선의 굽은 정도를 값으로 나타내는 곡률에 대해 알아보고, 곡률을 구하기 위해 곡률반경과 접선을 이용하는 방법을 구체적인 예를 통해 알아봅니다.

- 선수 학습 : 곡선과 접선, 무한대

- 공부 방법 : 미시령의 옛길은 급격한 커브길과 완만한 커브길의 연속입니다. 그렇다면 급커브, 완만한 커브는 어떻게 구분할까요? '급하다', '조금 급하다', '완만하다', '완만한 편이다' 등의 표현만으로는 그 기준이 모호하여 커브길의 굽은 정도를 정확히 표현하기가 매우 어렵습니다. 따라서 이 수업에서는 이와 같이 기준이 모호한 상황에서 굽은 정도를 수로 나타낼 필요성을 인식하고, 굽은 정도를 나타내는 곡률의 개념을 정의합니다. 또 곡률을 구하기 위해 곡률반경과 접선을 이용하는 방법을 탐색하고 비교해 봄으로써 두 방법의 장단점에 대해서도 알아봅니다. 마지막으로 도로 외에 곡률

이 활용되는 예를 실생활에서 찾아봄으로써 곡률에 대해 보다 깊이 이해하도록 합니다.

• 관련 교과 단원 및 내용

– 초등학교나 중학교의 '도형' 단원에서 반지름의 길이가 다른 여러 개의 원을 그려봄으로써 반지름의 길이에 따라 원의 크기가 달라진다는 것을 이해합니다.

– 중학교 1학년 '평면기하' 단원에서 곡선을 다룰 때 굽은 정도에 따라 곡선의 모양이 달라진다는 것과 중학교 3학년 '기하' 단원에서 접선과 관련된 읽을거리 자료로 활용할 수 있습니다.

두 번째 수업 _극좌표, 회전 각도와 거리로 위치를 캐스팅하다!

나침반을 이용하거나 레이더 화면에서 선박이나 항공기의 위치를 파악하는 방법은 직교좌표에서 한 점의 위치를 파악하는 방법과는 다른, 위치를 파악하는 또 다른 체계입니다. 실제로 사물의 위치를 표현하는 방법은 다양합니다. 이 수업에서는 직교좌표와 다른 방법으로 점의 위치를 파악하는 극좌표의 표현 방법에 대해 공부합니다. 직선이나 곡선의 식을 직교좌표와 극좌표로 동시에 나타내 보고 비교해 봄으로써 극좌표에 대한 이해를 한층 높입니다.

• 선수 학습 : 좌표, 좌표평면, $y=f(x)$의 식
• 공부 방법 : 해상교통관제센터에 가면 선박의 위치를 파악하는 레

이더 화면을 볼 수 있습니다. 이 수업에서는 레이더 화면과 같이 사람이나 사물의 위치를 나타내는 여러 가지 방법에 대해 알아보고, 각 방법을 서로 비교해 봅니다. 그 과정에서 가장 편리하면서도 보편적인 방법이 바로 좌표임을 인식하고, 중학교, 고등학교 교과서에서 주로 다루는 좌표인 평면상의 직교좌표에 대해 공부합니다. 또 레이더 화면에서와 같이 회전 각도 및 현 위치에서 떨어진 거리를 이용하여 항공기나 선박의 위치를 나타내는 방법과 유사한 극좌표의 표현 방법에 대해서도 구체적인 예를 들어 공부합니다. 마지막으로 도형을 직교좌표와 극좌표로 각각 표현해 봄으로써 편의에 의해 어떤 좌표를 활용할 것인지에 대해서도 알아봅니다.

• 관련 교과 단원 및 내용

− 중학교 1학년의 '함수' 단원에서 평면상의 점의 위치를 좌표로 나타내고 또 좌표를 좌표평면 위에 점으로 나타내 보며, x의 값과 y의 값 사이의 관계를 식으로 세우는가 하면 이 식을 좌표평면 위에 나타내 보기도 합니다. 이 수업의 내용은 함수와 관련하여 읽을거리 자료로 활용할 수 있습니다.

− 중학교, 고등학교의 '도형'과 '함수' 단원에서 직선이나 원, 포물선 등의 방정식을 $y=f(x)$의 식으로 나타낼 수 있으며, $y=f(x)$의 식을 좌표평면 위에 도형으로 나타낼 수 있음을 이해합니다.

세 번째 수업_외유내강, 현수선

두 철탑 사이에 팽팽하게 당겨져 있는 전선줄을 살펴보면 약간 아래로 쳐진 모양을 하고 있음을 알 수 있습니다. 이 전선줄과 같이 굵기와 무게가 균일한 줄의 양끝을 같은 높이에 고정시키고 줄을 늘어뜨렸을 때, 쳐진 줄 모양의 곡선을 현수선이라고 합니다. 이 수업에서는 현수선이 실생활에서 활용되는 구체적인 예를 통해 그 특성을 알아보고, 이를 이용하여 부드럽고 단순하기 이를 데 없는 현수선이 다리 위에 놓이게 되면 수만 킬로그램의 긴 다리를 매달 수 있을 만큼의 엄청난 힘을 가지고 있다는 사실에 대해서도 공부합니다.

- 선수 학습 : 포물선
- 공부 방법 : 영종대교 기념관 옥상에 서면 영종대교의 거대한 현수선을 발견하게 됩니다. 다리 자체의 무게와 함께 무거운 쇠줄의 현수선을 머리에 인 영종대교가 무너지지 않는 이유를 현수선의 특징을 탐색하면서 알아봅니다. 또 모양이 매우 유사한 포물선과 현수선이 전혀 같지 않음을 현수선과 포물선의 식을 통해 확인하고, 실제로 그래프 프로그램으로 두 곡선을 그려봄으로써 서로 비교해 봅니다.
- 관련 교과 단원 및 내용
- 중학교 3학년의 '이차함수' 단원과 수학Ⅱ의 '이차곡선' 단원에서의 포물선 도입과 관련하여 현수선을 읽을거리로 소개할 수 있

습니다. 이때 현수선의 식은 교육 과정을 벗어나므로 소개하지 않도록 합니다.

네 번째 수업 _ 자전거 바퀴의 수학, 사이클로이드 곡선

높이는 같지만 길이가 다른 세 종류의 미끄럼틀이 있습니다. 직선 모양의 미끄럼틀, 원 모양의 미끄럼틀, 사이클로이드 곡선 모양의 미끄럼틀! 맨 위에서 동시에 공을 굴리면 어느 미끄럼틀의 공이 가장 먼저 땅에 도착할까요? 놀랍게도 직선 모양의 미끄럼틀이 아닌, 직선보다 그 길이가 더 긴 사이클로이드 곡선 모양 미끄럼틀의 공이 가장 먼저 땅에 도착합니다. 이 수업에서는 생소한 이름인 사이클로이드 곡선의 개념과 그에 얽힌 일화들에 대해 알아보고, 사이클로이드 곡선이 최단강하곡선임과 동시에 등시성을 지닌 곡선이라는 사실에 대해서도 자세히 공부합니다.

- 선수 학습 : 자취
- 공부 방법 : 자전거 바퀴에 두께가 매우 얇은 파란 리본을 매고 달리면 파란 리본은 반원과 비슷한 모양의 곡선을 반복하며 그리게 됩니다. 이 수업에서는 두꺼운 종이로 만든 원을 굴리는 체험 활동을 통해 파란 리본이 나타내는 자취가 사이클로이드 곡선임을 공부합니다. 또 여러 크기의 원과 비교하여 사이클로이드 곡선이 원과 다른 모양의 곡선임을 인식하도록 합니다. 수학체험관에 있는 직선, 원, 사이클로이드 곡선의 세 가지 경로로 구성된 미끄럼틀의 같

은 높이에서 직접 공을 굴려 보는 실험을 해 봄으로써 사이클로이드 곡선 경로의 공이 가장 빨리 바닥에 도착하는 결과를 통해 사이클로이드 곡선이 최단강하곡선임을 이해합니다. 더불어 사이클로이드 곡선 모양의 미끄럼틀에서 공을 굴리는 높이를 다르게 하더라도 동시에 땅에 도착하는 실험을 통해 사이클로이드 곡선이 등시성이라는 특성을 지니고 있음도 공부합니다.

• 관련 교과 단원 및 내용

− 사이클로이드 곡선은 수학과 과학의 통합교과적인 성격이 매우 강한 소재로 초, 중학생의 영재교육 자료로 활용할 수 있습니다.

다섯 번째 수업 _ 자연의 성장 패턴, 로그나선

달팽이나 소라 껍데기, 호박 넝쿨, 여치집! 이것들에서 발견할 수 있는 공통점은 무엇일까요? 그것은 소용돌이 모양의 곡선인 나선으로 되어 있다는 것입니다. 이 수업에서는 로그나선의 개념을 정확히 이해하기 위해 대표적인 두 가지 나선, 즉 아르키메데스 나선과 로그나선을 비교해 보고, 특히 로그나선이 자연에서 가장 많이 발견되는 이유에 대해 알아봅니다.

• 선수 학습 : 등차수열, 등비수열, 황금비

• 공부 방법 : 밧줄을 둥그렇게 감으면 많은 원들을 겹겹이 말아놓은 것처럼 보이지만 실제로 그 곡선은 소라 껍데기에 나타나는 나선과

비슷한 모양의 나선을 나타냅니다. 하지만 두 곡선은 약간 다른 특성을 지니고 있습니다. 이 수업에서는 감은 밧줄에서 나타나는 아르키메데스 나선과 소라 껍데기에 나타나는 로그나선을 실제로 그려 보는 활동을 통해 두 나선의 차이점을 비교하고, 로그나선이 갖는 특징에 대해 정확히 이해하도록 합니다. 로그나선은 등각나선, 황금나선이라 부르기도 하는데 그 이유에 대해 알아봅니다. 더불어 자연에서 로그나선이 많이 나타나는 이유에 대해서도 함께 공부합니다.

- 관련 교과 단원 및 내용
- 중학교나 고등학교 수리논술에서 유연한 사고나 창의적 사고의 중요성에 대한 논술 자료로 활용 가능합니다.
- 로그나선은 수학과 과학의 통합교과적인 성격이 매우 강한 소재로 초, 중학생의 영재교육 자료로 활용할 수 있습니다.
- 중학교 3학년의 '이차방정식', 고등학교 수학 I의 '수열' 단원과 관련하여 읽을거리로 활용할 수 있습니다.

천성선을 소개합니다

陳省身 (1911~2004)

나는 '미국의 세계적인 중국계 수학자!', '미분기하학의 대부!' 라고 불립니다.

중국에서 태어났지만 미국에서 주로 많은 연구를 한 탓에

미국 국적을 갖게 된 내가 국제적인 수학자가 된 것은

가우스-보네 정리를 증명하면서였습니다.

이 정리는 한 지점, 혹은 국소_{일부분}적 기하의 성질과

전체적인 성질 사이의 관계를 나타낸 것으로, 증명은

현대 미분기하학 혹은 리만기하학의 매우 중요한 업적이라고 할 수 있어요.

현재 진행되고 있는 중요한 연구의 핵심에는

이 가우스-보네 정리가 나타내는 의미가 중심 역할을 하고 있기도 합니다.

또 뛰어난 수학자들이 자신들의 학문을 공유하고

서로 협력하며 연구할 수 있도록 수학 연구소를 세우는가 하면

제자 양성을 위해서도 많은 노력을 했어요.

그 결과 1983년에는 수학 분야에서 최고의 권위를 인정받는

울프상을 받기도 했지요.

2004년, 국제천문학회 소행성 명명위원회가 나의 업적을 기린다면서

1998C S2호 소행성을 '천성선별' 로 이름을 붙이기도 했어요.

지금 밤하늘에는 내 이름을 단 별이 어두운 하늘을 밝히고 있는 것이죠.

여러분, 나는 천성선입니다

안녕하세요? 앞으로 5회에 걸쳐 여러분과 함께 답사를 다니며 공부할 천성선이에요.

내 이름이 낯설지요? 동양인들 중에도 나를 아는 사람이 거의 없더라고요. 하물며 내가 태어난 중국에서도 나를 아는 사람이 그리 많지 않아요.

사람들은 나를 소개할 때 보통 '미국의 세계적인 중국계 수학자!', '미분기하학의 대부!'라고 한답니다. 내가 대부라는 말을 들을 정도인지 부끄럽기도 하고 쑥스럽기도 해요.

나는 1911년 중국의 저장성 자싱에서 태어났어요. 그런데 보다 깊이 있고 폭넓은 수학 연구를 위해 미국으로 건너가면서 중국 국적을 포기하고 미국 국적을 취득한 탓에 미국의 수학자라는 말을 듣고 있답니다.

어렸을 때부터 나는 공부하는 것을 좋아했는데 특히 수학 과목을 가장 좋아했어요. 그래서 수학 천재라는 말을 많이 들었지요. 톈진에 있는 난카이 대학에 입학한 것은 1926년, 15살 무렵이었어요. 대학에서는 특히 기하학 강의가 가장 재미있더라고요.

대학 강의를 들으면서 공부를 게을리 한 것도 아닌데 항상 무언가가 부족하다는 생각이 들었어요. 그때 독일의 수학자 브라쉬케Wilhelm Blaschke, 1885~1962가 북경에 와서 강연을 한다는 소식을 듣게 되었답니다. 내가 이런 소식을 그냥 흘려들을 리가 없겠지요? 단숨에 달려가 강연을 들었어요.

브라쉬케는 '미분기하학에서의 위상학적 문제'라는 주제에 관하여 강연을 했는데, 당시 중국에서는 거의 알려져 있지 않은 내용이었어요. 나도 처음 듣는 내용이었지만 강연 내내 답답했던 가슴이 시원하게 뚫리는 기분이었어요. 감동 그 자체였지요. 미분기하학! 그 자리에서 바로 내가 공부해야 할 분야로 결정해 버렸답니다. 오랜 고민 끝에 내린 결정이 아니었음에도 불구하고 그 후로 단 한 번도 후회해 본 적이 없어요.

미분기하학이 뭐냐고요? 미분을 이용하여 기하적인 도형을 연구하는 학문이에요.

혼자서 미분기하학을 공부하던 나는 더 많은 공부를 하고 싶은 마음에 브라쉬케가 있는 곳으로 가고 싶었어요. 운이 좋게도 브라쉬케의 강연을 들은 지 2년 만에 국비 유학생으로 뽑혀 독일로 갈 수 있는 기회를 얻게 되었어요. 뜻이 있는 곳에 길이 있다는 말이 실감 나더군요. 당연히 내가 향한 곳은 브라쉬케가 재직하고 있는 함부르크 대학이었어요. 그곳에서 그의 지도를 받으며 미분기하학을 공부하게 되었지요.

함부르크 대학에 간 지 2년 만에 박사 학위를 받은 나는 1년 정도 더 공부를 하다가 1937년에 귀국하여 북경 청화 대학의 교수로 부임했어요.

그런데 욕심일까요? 그 뒤로도 더 폭넓은 공부를 하고 싶다는 생각을 떨쳐버릴 수 없었어요. 그런데 이번에도 역시 운이 좋았던지 미국으로 갈 수 있는 기회가 생겼지 뭐예요. 나는 분명 행운아임에 틀림없어요.

미국에서는 그동안 하고 싶었던 개인적인 연구는 물론 프린스턴 대학교를 비롯하여 시카고 대학교, 캘리포니아 대학교 버클리 캠퍼스 등에서 대수적 위상수학, 구면기하학, 외미분형식 등의 강의도 할 수 있었어요.

내가 국제적인 수학자가 된 것은 가우스-보네 정리에 매료되어 전이transgression라는 새로운 개념을 통해 이 정리를 증명하면서였어요. 이 정리는 한 지점, 혹은 국소일부분적 기하의 성질과 전체적인 성질 사이의 관계를 나타낸 것으로, 현대 미분기하학 혹은 리만기하학의 매우 중요한 업적이라고 할 수 있어요. 또 현재 진행되고 있는 많은 중요한 연구의 핵심에는 이 가우스-보네 정리가 나타내는 의미가 중심 역할을 하고 있기도 합니다. 당시 프린스턴 고등연구소 회원으로 가 있던 나는 헤르만 바일, 앙드레 베이유와 학문적으로 교류한 것이 증명에 큰 도움이 되었어요. 이후에도 자만하지 않고 훌륭한 제자를 길러내는 것은 물론 유명한 학자들과 학문적 교류를 하면서 더 많은 성장을 하려고 노력했어요. 학문에는 끝이 없으니까요.

나는 뛰어난 수학자들이 자신의 학문을 공유하고 서로 협력하며 연구할 수 있도록 수학연구소를 세우는 일에도 적극적으로 나섰어요. 그 결과 중국학술원의 수학연구소, 버클리의 수학연구소와 난카이 수학연구소를 세우기도 했습니다.

천성선이 들려주는 평면곡선 이야기

자화자찬이긴 하지만 언젠가부터 수학계에서 수학에 대한 나의 순수한 열정과 연구에 대한 겸손한 자세, 제자 양성을 위한 노력 등을 인정하고 나에 대해 관심을 갖기 시작했어요. 1961년에는 미국 과학학술원 회원으로 선출되었고, 1975년에는 미국 과학상을 받았으며 1983년에는 수학 분야에서 최고의 권위를 인정받는 울프상을 받기도 했습니다. 정말 영광스런 일이었지요. 울프상Wolf Prize은 인종, 피부색, 종교, 성별, 정치적 시각과 관계없이 인류의 이익과 우호 관계 증진에 기여한 사람들 중에서, 살아있는 과학자와 예술가들에게 매년 수여하는 상이에요. 물리학과 화학 부문에서 울프상은 노벨상 다음으로 가장 명성이 있는 상으로 평가받고 있습니다. 수학 분야에서는 노벨상이 없으므로 필즈상 다음으로 유명하다고 할 수 있죠.

2000년에는 중국으로 영구 귀국하여 모교인 난카이 대학교의 교수로 부임했어요. 고국에 돌아와서도 연구는 물론 제자 양성에 온 힘을 기울였답니다. 고국인 중국에서 국제적인 수학자들이 많이 나오기를 바랐거든요. 더불어 중국 국적을 회복하려고 노력했지만 이 꿈은 끝까지 이루지 못했어요.

말년에 나에게 영광스런 일이 또 한 번 일어났어요. 2004년

11월, 국제천문학회 소행성 명명위원회가 나의 업적을 기린다면서 1998C S2호 소행성을 '천성선별'로 이름을 붙였지 뭐예요. 내 이름이 붙은 별이 밤하늘을 밝히고 있다고 생각해 보세요. 가슴 뿌듯한 일이 아닐 수 없겠죠!

또 난카이 대학교에서는 내가 세계적인 수학자라 하여 나를 기념함과 동시에 세계 속의 수학 영재를 발굴하기 위한 목적으로 매년 '국제 청소년 수학경시대회'를 개최하고 있어요. 2006년부터 2008년까지 3회에 걸쳐 한국의 청소년들이 최우수 단체상을 수상하는 쾌거를 거두었다는 소식을 들었어요. 한국에 뛰어난 수학적 재능을 가지고 있는 학생들이 많다는 것은 정말 부러운 일이에요.

나를 간단히 소개하려 했는데 길어졌군요. 그럼, 이제 본론으로 들어가 볼까요?

내가 기하학 분야의 전문가인 만큼 지금부터 여러분과 함께 공부할 내용은 현수선이나 사이클로이드 곡선, 로그나선과 같이 우리 주변에서 찾아볼 수 있는 아름다운 곡선에 관한 것이에요. 이들 곡선들은 곡선 자체가 발산하는 아름다움은 물론, 고

천성선이 들려주는 평면곡선 이야기

유의 특성을 가지고 있습니다. 이로 인해 많은 사람들이 이들 곡선의 매력에 사로잡혀 실제 생활에서 활용하고 있기도 하지요. 자연 또한 생존을 위한 하나의 방식으로 이들 곡선을 선택하고 있습니다.

그럼, 이 매력적인 곡선들이 우리 생활이나 자연에서 어떤 모습으로 나타나는지 찾으러 떠나 볼까요?

나는 1911년 안녕하십니까? 중국의 저장성 자싱에서 태어났습니다.

안녕.

어렸을 때부터 공부하길 좋아했고 그중에서도 수학 공부를 가장 좋아했지요.

천성선은 정말 공부를 좋아해.

천성선 같은 학생만 있다면 최고지.

천성선은 수학 천재야!

나는 천재라는 말을 들으며 15살에 톈진에 있는 난카이 대학에 입학했어요.

난카이 대학

기하학 강의가 재밌긴 하지만 무언가 2% 부족해.

1932년

독일의 세계적인 수학자 브라쉬케 선생님께서 북경에서 강연을 하신대.

우왓! 정말이야?

미분기하학에서의 위상학적 문제라는 주제에 대해 강연하겠습니다.

브라쉬케

처음 듣는 내용이지만 가슴이 시원하게 뻥~ 뚫리는 기분이야.

결심했어. 내가 공부할 분야는 미분기하학이야.

브라쉬케의 강연을 듣고 2년 후 국비 유학생으로 뽑혀 독일로 가 브라쉬케 선생님의 지도를 받으며

함부르크 대학에서 공부했습니다.

1937년엔 북경 청화 대학의 교수로 부임하기 위해 귀국했어요.

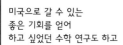

미국으로 갈 수 있는
좋은 기회를 얻어
하고 싶었던 수학 연구도 하고

프린스턴, 시카고,
캘리포니아 대학 등에서
강의도 했죠.

난 더 많은
수학 공부와 연구
를 하고 싶어.

이런 멋진 정리가
있다니?

전이의 개념으로
정리를 증명하겠어.

가우스-보네 정리

수학 연구 중에서도
가우스-보네 정리에
크게 매력을 느꼈어요.

수학연구소를 세워서
뛰어난 수학자들이 서로 협력
하며 연구할 수 있도록 하자.

중국학술원 수학연구소

버클리

난카이

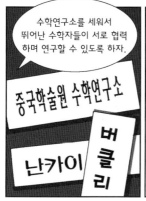

1961년 미국과학학술원
회원 선출.
1975년 미국 과학상 수상.
1983년 울프상 수상.

2000년엔 모국인 중국으로
영구 귀국해 죽는 날까지
수학 연구와 제자 양성에
온 힘을 쏟았답니다.

무릇 수학이라
함은……

2004년 11월

한국 천문학회 소행성명명위원

수학자 천성선의 업적을
기리기 위해 1998C S2호
소행성을 '천성선별'로
합니다.

밤에
하늘을 보세요.

천

내가
하늘에서 밝게
빛나고 있답니다.

천성선을 소개합니다

곡선의 굽은 정도,
곡률

곡선의 굽은 정도를 값으로 나타내는 곡률에 대해
알아보고, 곡률을 구하기 위해 곡률반경과 접선을
이용하는 방법을 구체적인 예를 통해 알아봅니다.

1. 곡률과 곡률반경의 뜻에 대해 알아봅니다.

2. 곡률과 곡률반경 사이의 관계에 대해 알아봅니다.

3. 곡선 도로의 접선을 이용하여 곡률을 구하는 방법에 대해 알아봅니다.

4. 직선과 원의 곡률을 구해 봅니다.

미리 알면 좋아요

1. 접선 곡선 위의 두 점 A, B에 대하여 한 점 B가 A로 점점 가까워질 때, 직선 AB는 점 A를 지나는 직선 m에 접근하게 됩니다. 이때 직선 m을 점 A에서의 이 곡선의 접선이라고 하며, 점 A를 접점이라고 합니다. 곡선의 접선에 대하여 접점은 오직 한 개입니다.

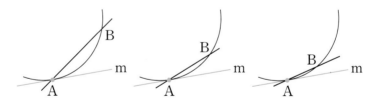

2. **무한대와 무한소** 무한히 크다고 생각되는 어떤 수를 선택한다고 합시다. 그러면 이 수보다 더 큰 수는 없을까요? 그렇지 않습니다. 매우 큰 수이 긴 하지만 그 수보다 '1'이 더 큰 수를 생각할 수 있기 때문입니다.

수학에서 무한대는 정해진 값이 아닌, 어떤 자연수나 실수보다도 더 큰 상태로서, 무한히 커지는 동적인 개념이라 할 수 있습니다. 양의 값으로 무한히 커지는 것은 $+\infty$로 나타내고, 음의 값으로 무한히 작아지는 것은 $-\infty$로 나타냅니다.

한편, $\dfrac{1}{무한대}$ 도 생각할 수 있는데, 이것은 $-\infty$로 무한히 작아지는 것이 아니라 '0'에 가까워지는 동적인 개념으로, 무한소라고 합니다. 단지 0을 향해 무한히 달려가는 값으로 결코 0은 아닙니다.

$$\prod \frac{1}{1 - \frac{1}{p^s}} = \sum \frac{1}{n^s} ,$$

천성선의
첫 번째 수업

▨커브 도로의 굽은 정도는 어떻게 나타낼까?

천성선과 아이들은 버스를 타고 첫 번째 답사 장소를 향해 출발했습니다.

첫 번째 답사 장소는 태백산맥의 여러 고개 중 하나인 미시령입니다. 천성선과 아이들은 버스를 타고 고속도로를 한참 달리다가 미시령 근처에서 내린 다음 미시령이 훤히 보이는 곳까지 올라갔습니다.

미시령

상쾌한 공기를 한껏 들이마셔 보세요. 좋죠?

① 여기는 태백산맥을 넘어가는 고개 중의 하나인 미시령①이에요. 태백산맥을 넘어가는 유명한 고개로는 아흔아홉 구비의 대관령, 한계령, 진부령 등이 있어요.

미시령을 비롯하여 이 고개들을 생각하면 가장 먼저 구불구불한 길이 떠오르게 됩니다. 우리나라에서 이 고개들은 모두 굽이굽이 구부러진 길의 대명사라고 할 수 있죠.

저어~기, 엉금엉금 기어가듯이 고개를 넘어가는 자동차들을 보세요. 아슬아슬해 보이죠? 겨울에 눈이라도 내리면 아예 차가 다닐 수 없답니다.

미시령 예로부터 진부령·대관령·한계령 등과 함께 태백산맥을 넘는 주요 교통로 중 하나이다. 미시령 도로는 길이 매우 꼬불꼬불하며 경사가 매우 급하다. 특히 겨울철에는 폭설에 의해 통행이 중단되는 경우가 많아 2006년 5월에 미시령 관통 도로를 개통하게 되었는데, 그 이후 미시령 및 인근의 고개를 넘는 차량의 수가 대폭 줄어들었다. 미시령 옛길의 영동 쪽에서 고개 정상으로 오르는 방향에서는 병풍처럼 서 있는 설악산 울산바위의 절경을 볼 수 있다. 또 고개 정상에 위치한 휴게소는 속초시 전역과 동해 바다를 조망할 수 있는 곳으로 유명하다.

그래서 차가 많이 다니는 대관령과 미시령의 경우에는 터널을 뚫어 관통 도로를 건설했어요. 지금은 대부분의 차들이 관통 도로를 이용하게 되면서 저 앞에 보이는 옛길은 관광을 목적으로 하거나 구불구불한 길의 매력을 잊지 못하는 사람들이 주로 이용하고 있답니다.

오늘은 여러분과 보기만 해도 아찔해 보이는 저 커브길에 숨겨져 있는 수학에 대해 알아보려고 해요.

커브길을 다루기 전에 먼저 우리가 버스를 타고 왔던 고속도로를 생각해 보기로 합시다.

고속도로를 달릴 때는 어땠나요? 직선 도로를 달리는 것 같았죠? 하지만 고속도로 역시 완전한 직선 도로를 찾기란 매우 힘들답니다.

버스 바로 앞에 보이는 짧은 구간의 도로는 직선이지만 구간이 길어지면 고속도로라고 하더라도 정확하게 직선으로 곧게 뻗은 도로는 거의 없어요. 단지 굽은 정도가 매우 완만하여 그렇게 보일 뿐이죠. 그래서 버스가 100km/h의 속도로 달려도 몸이 옆으로 기울지 않아 커브길을 달린다는 느낌을 전혀 갖지 못했을 거예요.

하지만 저 앞에 보이는 심하게 구부러진 미시령의 커브길은 어때요? 저렇게 구부러진 정도가 심한 도로에서는 차의 속도를 낮추어도 몸이 옆으로 기울면서 중심을 잡기가 힘들다는 것을 경험해 봤을 것입니다.

천성선이 들려주는 평면곡선 이야기

그럼, 본격적으로 미시령 길을 자세히 살펴보기로 할까요?

완만한 커브길, 조금 구부러진 커브길, 급하게 구부러진 커브길, 거의 원의 절반을 도는 것 같은 커브길 등 모양이 매우 다양하죠?

여기 내가 가리키는 커브길은 어느 정도나 구부러졌나요?

"완만한 편이에요."

"고속도로에 비하면 많이 구부러졌어요."

"완만한 것과 급한 것의 중간쯤 돼요."

같은 곳을 이야기하는데도 각각 표현하는 방법이 다 다르군요.

그럼, 이번에는 종이 위에 조금 구부러진 곡선을 한 번 그려 보세요.

천성선은 아이들에게 종이를 한 장씩 나누어 주고 곡선을 그려 보도록 하였습니다.

아이들은 제각각 다양한 모양의 곡선을 그린 다음, 서로 어떻게 그렸는지 비교해 보았습니다.

역시 여러분들이 그린 곡선의 모양이 다 다르네요. 사람마다 아름다움을 느끼는 기준이 다 다르듯이 말이에요. 이럴 때 수학이 필요한 것 같아요. 구부러진 정도를 수로 표현할 수만 있다면 거의 같은 모양의 곡선을 그릴 수 있을 테니까요.

일반적으로 평면 위에 어떤 곡선이 주어져 있을 때, 그 곡선의 굽은 정도를 나타내는 것을 **곡률**이라고 합니다. 곡선이 급하게

구부러져 있으면 곡률이 크고, 완만하게 구부러져 있으면 곡률이
작다고 할 수 있어요.

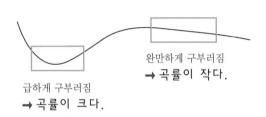

완만하게 구부러짐
➔ **곡률이 작다.**

급하게 구부러짐
➔ **곡률이 크다.**

천성선의 이야기를 듣고 있던 승준이가 갑자기 질문을 하였습니다.

"그렇다면 곡률 역시 '크다', '작다' 라고만 표현하는 건가요?"

그렇지 않아요. 곡률은 계산을 통해서 값으로 나타낼 수 있습니다.

주변의 도로나 고속도로를 살펴보면 도심의 도로나 교차로와 같은 특별한 경우가 아니고서는 도로가 급하게 꺾어지는 일은 없어요. 대부분 매끄럽게 휘어서 방향이 바뀌게 되죠. 그래서 커브 길에서는 보통 원의 일부가 도로의 부분에 접하는 것과 같은 형태를 볼 수 있습니다.

또 도로가 구부러진 곳에서 원을 그려 보면 구부러진 정도에 따라 원의 크기가 다 달라집니다. 이때 원의 크기는 원의 반지름 길이에 의해 좌우되므로 곡률은 원의 반지름과 관련지어 생각할 수 있지요.

천성선은 미시령 길의 일부를 사진기로 찍은 다음 사진 위에 크고 작은 원들을 그려 넣었습니다.

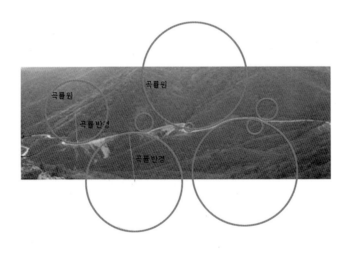

원의 크기가 다 다르죠? 이때 도로에 접하게 그린 원을 곡률원 이라 하고, 각 원의 반지름을 곡률반경이라고 합니다.

커브길이 급하게 구부러질수록 원의 크기가 점점 작아지고, 완만해질수록 원의 크기는 점점 커지는 것을 확인할 수 있어요. 이것은 곡률이 클수록 원의 반지름이 작아지고, 곡률이 작아질수록 원의 반지름이 커진다는 것을 뜻해요. 곡률과 곡률반경의 길이가 서로 반비례한다는 말과도 같지요.

다시 말하면 곡률원 반지름의 역수를 그 점에서의 곡률이라 합니다.

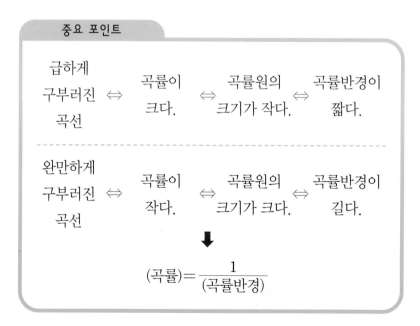

중요 포인트

급하게 구부러진 곡선 ⇔ 곡률이 크다. ⇔ 곡률원의 크기가 작다. ⇔ 곡률반경이 짧다.

완만하게 구부러진 곡선 ⇔ 곡률이 작다. ⇔ 곡률원의 크기가 크다. ⇔ 곡률반경이 길다.

$$(곡률) = \frac{1}{(곡률반경)}$$

천성선이 들려주는 평면곡선 이야기

"그런데 선생님! 완만하게 구부러진 커브길에 접하는 원의 크기가 굉장히 큰데 미시령에서 곡률반경을 어떻게 구하죠? 중간에 계곡도 있고……. 곡률반경을 재기가 힘들 것 같아요."

좋은 질문이군요. 측량기사가 재려고 하면 못 잴 것도 없겠지만 실제로 곡률반경을 구하는 일은 종이에 그려진 원의 반지름을 구하는 것처럼 그렇게 간단하지가 않아요. 동현이 말처럼 원의 중심이 도로에서 1~2km나 떨어진 경우도 있고, 그곳까지 갈 수 없는 경우도 많기 때문이에요.

하지만 곡률반경을 이용하지 않고도 곡률을 구하는 방법이 또 있답니다.

굽은 정도가 다른 두 커브길에서 곡률을 구하는 방법에 대해 자세히 알아볼까요?

① 먼저 두 커브길 위에서 각각 기준점 A와 A′를 정한다.
② 점 A와 A′에서 각각 같은 거리 S만큼 이동한 지점을 B, B′라 한다.
③ 네 점 A, B, A′, B′에서의 접선을 각각 그리고, l, m, $l′$, $m′$라 한다.
④ 두 접선 l과 m이 이루는 각의 크기를 θ, $l′$와 $m′$가 이루는 각의 크기를 $\theta′$라 한다.

이제 위의 방법에 따라 그린 그림을 살펴볼까요?

천성선이 들려주는 평면곡선 이야기

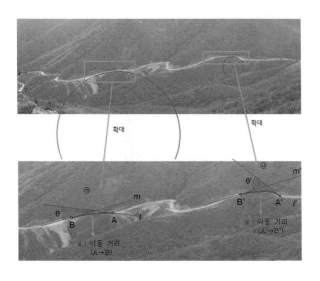

㉮와 ㉯에 나타난 각의 크기가 다르죠?

그림에서 확인할 수 있는 것처럼 급하게 구부러진 곡선일수록 두 접선 사이 각의 크기가 더 커진다는 것을 알 수 있어요. 바로 이 성질을 이용하여 곡률을 정의하고 측정합니다.

중요 포인트

$$(\text{곡률}) = \frac{(\text{두 접선이 이루는 각의 크기})}{(\text{기준점에서 이동한 거리})}$$

따라서 위의 두 그림 ㉮와 ㉯의 경우에 곡률은 각각 다음과 같아요.

$$\text{⑦ 곡률} = \frac{\theta}{S} \qquad \text{⑭ 곡률} = \frac{\theta'}{S}$$

이때 S의 값은 같으므로 θ와 θ'의 크기를 비교하면 두 커브길의 굽은 정도를 비교할 수 있어요. 위의 경우 ⑭의 θ'의 값이 더 크므로 ⑭에 해당하는 커브길이 더 급하게 구부러져 있음을 알 수 있습니다.

지금까지 곡률을 구하는 두 가지 방법에 대해 알아보았는데 두 방법은 각각 장단점이 있어요. 곡률반경을 이용하여 곡률을 구하는 방법은 간단하긴 하지만 실제로 곡률반경을 구하기가 어려울 때가 많아요. 반면 거의 직선에 가까운 완만한 곡선에 대한 곡률을 구할 때에는 두 지점의 접선이 이루는 각의 크기를 이용하는 것이 더 편리합니다.

▨ 직선과 원의 곡률

동현이가 몹시 궁금하다는 표정을 지으며 질문을 하였습니다.

"선생님, 그럼 도대체 직선의 곡률은 얼마예요?"
여러분이 한 번 추측해 보세요. 얼마일까요?

"0이요!"

왜 그렇죠?

"직선은 전혀 구부러지지 않았기 때문에 곡률이 0이지 않을까요?"

"서로 다른 두 지점의 접선이 같아서 각의 크기가 0이 되기 때문이에요!"

그럼, 직접 계산을 통해 알아볼까요?

$$m \; \text{————} \underset{\underset{S}{A}}{\bullet} \text{- - -} \underset{B}{\bullet} \text{————} \; l$$

기준점 A에서 거리 S만큼 이동한 지점을 B라 하고, 두 점 A, B에서의 접선을 l, m이라 할 때, 두 접선은 일치하므로 두 접선이 이루는 각의 크기는 0입니다. 따라서 직선의 곡률은 다음과 같음을 알 수 있어요.

중요 포인트

$$(\text{직선의 곡률}) = \frac{0}{S} = 0$$

이 직선의 곡률을 곡률반경을 이용하여 구하면 어떨까요?

그러려면 먼저 직선의 일부가 역시 원의 일부가 되도록 원을 그려야겠지요? 그릴 수 있을까요?

천성선의 이야기를 듣고 있던 아이들이 직접 그려 보기 위해 연습장에 그림을 그리기 시작했습니다.

"선생님, 잘 그려지지 않아요!"

그래요. 면이 좁은 연습장에서는 이런 원을 그릴 수 없어요. 면이 매우 넓은 종이 위에서도 그리기 어렵답니다. 직선의 일부가 원의 일부가 되려면 반지름이 상상할 수 없을 만큼 큰 무한대가 되어야 하기 때문이에요. 따라서 직선의 곡률은 다음과 같습니다.

중요 포인트

$$(직선의\ 곡률) = \frac{1}{(무한대만큼\ 큰\ 곡률반경)}$$

그 값이 정확이 0은 아니지만 0으로 생각합니다.

그럼, 곡률반경을 이용하여 곡률을 구해 보았는데, 원의 곡률은 얼마일까요?

반지름이 r인 원에서 각 점에 접하는 원을 그리면 그것은 처음의 원과 일치하게 됩니다.

$$(원의 곡률) = \frac{1}{r}$$

이때 r의 값이 클수록 $\frac{1}{r}$은 작아지고, r의 값이 작을수록 $\frac{1}{r}$은 커져요. 이것은 작은 원의 곡률이 큰 원의 곡률보다 크다는 것을 의미합니다.

■ 생 활 속 의 곡 률

곡률을 활용하는 예는 우리 주변에서도 쉽게 찾아볼 수 있어요. 현재 건설교통부에서는 도로에서 차량의 제한속도를 정할 때

도로의 기하구조나 곡률반경, 편경사커브길에서 차량 이탈 방지를 위해 두는 도로의 경사, 시야거리, 도로폭 등을 고려합니다.

또 비가 올 때 빗물을 쓸어내리는 자동차 와이퍼에도 곡률이 활용되고 있어요. 차량의 유리 곡률과 형상을 분석해 밀착력과 닦임성을 판단하게 됩니다.

자동차 와이퍼

급커브 도로에서 흔히 볼 수 있는 도로 반사경이나 소규모의 가게에서 도난을 방지하기 위해 설치한 방범용 거울에도 곡률이 유용하게 쓰이고 있어요.

거울면의 크기는 도로 반사경 자체가 쉽게 눈에 뜨이는지 여부와 시계를 고려하여 정하고, 거울면의 곡선반경 역시 영상의 크기와 시계를 고려하여 정합니다. 곡률이 작아지면 시계가 넓어지

천성선이 들려주는 평면곡선 이야기

지만 영상이 작아져서 물체를 식별하기가 어렵기 때문이에요.

　시계에는 확인해야 할 차량은 물론이고 그 부근의 교통 및 도로 상황을 판단하기 위하여 필요한 범위가 포함되도록 해야 합니다.

방범 거울

도로 반사경

　이 외에도 곡률반경은 우주의 팽창 이론, 타원궤도의 연구, 날씨 예측 시 태풍이나 기압골에 대한 연구, 철도 건설에 관련된 기차의 안전성 검사 등에도 활용되고 있습니다.

첫번째
수업 정리

❶ 곡률

곡선에서 구부러진 정도를 나타낸 것을 곡률이라고 합니다. 따라서 곡률이 클수록 곡선은 많이 구부러져 있고, 곡률이 작을수록 곡선은 완만하게 구부러져 있습니다.

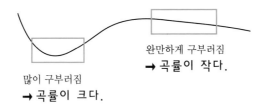

완만하게 구부러짐
➔ 곡률이 작다.

많이 구부러짐
➔ 곡률이 크다.

❷ 곡률을 구하는 방법

• 곡률반경을 이용하는 방법

$$(곡률) = \frac{1}{(곡률반경)}$$

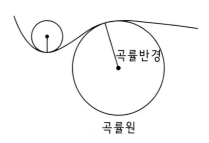

곡률반경

곡률원

• 곡선 위 두 점에서의 접선이 이루는 각을 이용하는 방법

$$(\text{곡률}) = \frac{(\text{두 점에서의 접선이 이루는 각})}{(\text{두 점 사이의 곡선의 길이})}$$

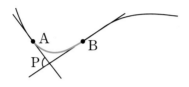

❸ 직선의 곡률은 0이고, 원의 곡률은 $\dfrac{1}{(\text{곡률반경})}$ 입니다.

극좌표, 회전 각도와 거리로 위치를 캐스팅하다!

직교좌표와 다른 방법으로 점의 위치를 파악하는 극좌표의
표현 방법에 대해 공부합니다. 직선이나 곡선의 식을
직교좌표와 극좌표로 동시에 나타내 보고 비교해 봄으로써
극좌표에 대한 이해를 한층 높입니다.

두 번째 학습 목표

1. 좌표의 뜻에 대해 알아봅니다.
2. 직교좌표의 뜻과 그 표현 방법에 대해 알아봅니다.
3. 극좌표의 뜻과 그 표현 방법에 대해 알아봅니다.

미리 알면 좋아요

1. **좌표** 수직선이나 평면, 공간에 있는 점의 위치는 수나 순서쌍으로 나타낼 수 있습니다. 이때 사용되는 수나 순서쌍을 그 점의 좌표라고 합니다.

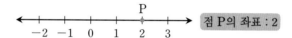

점 P의 좌표 : 2

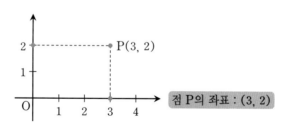

점 P의 좌표 : (3, 2)

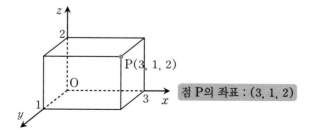

점 P의 좌표 : (3, 1, 2)

2. 좌표평면 좌표축이 정해져 있어서 모든 점의 위치를 좌표로 나타낼 수 있는 평면을 좌표평면이라고 합니다.

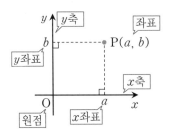

3. $y=f(x)$의 식 x의 값이 정해지면 그에 대응하는 y의 값이 하나씩 정해지는 관계를 식으로 나타낼 때 $y=f(x)$의 꼴로 나타냅니다. 여기에서 f는 관계나 함수를 뜻하는 영어 단어 function의 첫 번째 문자를 빌려온 것입니다.

평면도형의 경우, 그 모양에 따라 다음과 같이 식 $y=f(x)$의 꼴로 나타냅니다.

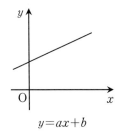

$$y=ax+b$$

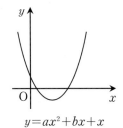

$$y=ax^2+bx+x$$

$$\prod \frac{1}{1-\frac{1}{p^s}} = \sum \frac{1}{n^s}$$

천성선의
두 번째 수업

▨ 위치의 수학, 좌표

   천성선과 아이들은 인천 소월미도에 위치한 해상교통관제센터로 견학을 왔습니다. 인천지방 해양항만청에서 주관하는 청소년 해양교실 프로그램 중 해상교통관제교실에 참여하여 안전해상교통관제센터 견학은 물론, 관제실의 기능 및 시스템 체험을 하고 있습니다. 천성선은 도우미 선생님께 부탁드려 레이더 화면 앞에서 이야기를 시작했습니다.

해상교통관제센터

오늘은 레이더 화면에 숨어 있는 수학에 대해 알아보려고 해요.

사물이나 사람의 위치를 누구나 쉽게 알 수 있도록 나타내는 방법 중에는 어떤 것이 있을까요?

"나침반을 사용해요."

"좌표요. x축, y축을 기준으로 위치를 나타낼 수 있어요."

"비행기나 배가 나오는 영화에서 많이 봤는데 레이더 화면에서도 위치를 알 수 있어요."

여러분과 이야기를 해 보니 다양한 방법이 있군요. 그럼, 각각의 방법에 대해 이야기를 해 볼까요? 먼저 나침반에 대해 생각해 봅시다.

나침반에는 정북 방향을 $0°$로 하여 시계 방향으로 각도가 표시되어 있고, 동서남북의 방위가 나타나 있어요. 때문에 나침반으로 알 수 있는 것은 방위뿐이에요. 이것은 단지 사물이나 사람이 어느 방향에 있다는 것만을 알 수 있을 뿐 정확하게 그 위치를 알 수는 없다는 것을 뜻해요.

나침반

"하지만 선생님! 좌표를 사용하면 정확한 위치를 알 수 있어요."

그래요. 여러분이 이미 배운 대로 어떤 사물이 평면 위에 놓여 있을 때 한 평면 위에 서로 직각으로 만나는 두 직선 x축, y축에서 각각 얼마만큼 떨어져 있는지를 파악하여 그 위치를 순서쌍을 이용하여 나타낼 수 있어요.

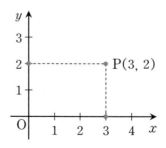

여러분이 평면에서 주로 사용하고 있는 좌표계가 직교좌표계라는 것은 알고 있나요? 이것은 2차원 데카르트 좌표계라고도 해요.

이 좌표계를 맨 처음 발견한 사람이 바로 철학자로도 유명한 수학자 데카르트Decartes, 1956~1650라서 그의 이름을 따서 붙인 것이에요. 우리에게 데카르트는 "생각한다. 고로 존재한다"라는 말로 더욱더 잘 알려져 있죠.

천성선이 들려주는 평면곡선 이야기

어렸을 때부터 몸이 허약했던 데카르트는 특별히 기숙사에서 늦잠을 자는 것을 교장선생님으로부터 허락받았는데 이 시간을 명상으로 보내곤 했다고 해요. 청년기를 군대에서 보낸 데카르트는 어느 날 막사에 누워 바둑판 모양의 천장에 파리가 기어 다니는 것을 보고 좌표평면을 생각해 내었어요. 더럽고 귀찮은 것으로만 생각되는 파리가 수학의 아이디어를 제공했다는 것은 아이러니컬한 일임에 틀림없어요.

무심코 지나칠 수 있는 현상을 좀 더 주목해서 보는 것! 이것이 수학자와 일반 사람들의 다른 점이라고 할 수 있어요. 수학자들은 반복적으로 일어나는 현상을 주의 깊게 관찰하고, 관찰한 현상이 옳은지 알아보는 과정에서 수학 원리를 발견하는 것이죠.

천성선은 좌표축이 그려져 있는 모눈종이를 아이들에게 나누어 주었습니다.

좌표평면 위에 아무 데나 점을 찍어 보세요. 그런 다음 그 옆에 좌표를 써 보세요.

아이들은 너무나 쉽다는 듯이 바로 점을 찍고 점 옆에 좌표를 써넣었습니다.

어때요, 좌표평면 위에 점을 찍고 그 점의 위치를 좌표로 나타내는 것이 어렵지는 않죠? 실제로 이 일이 너무도 당연하고 간단해서 뭐 그리 대단한가 하고 의아해할 수도 있어요. 하지만 좌표가 처음 발견되었을 때는 매우 획기적인 사건으로 여겨졌어요.

지금도 그렇지만 말이에요.

천장에 고정시킨 전등과 달리 파리는 움직이기 때문에 파리가 나타내는 좌표는 x의 값이 변하면서 덩달아 y의 값도 변하게 됩니다. 만약 파리가 x축, y축이 만든 직각의 이등분선 위를 따라 움직인다면 파리가 지나간 곳은 어디건 x의 값과 y의 값이 같습니다. 파리의 움직임이 좌표평면 위에서 직선으로 나타나는 이와 같은 현상을 간단히 대수적 식 $y=x$로 나타낼 수 있어요.

또 파리가 직선뿐만 아니라 원, 타원, 쌍곡선과 같은 기하학적 도형을 따라 움직인다면 이와 같은 현상 역시 식 $y=f(x)$로 간단히 나타낼 수 있어요. 즉 좌표를 이용함으로써 어떤 도형으로 표현되는 수학적 현상을 간단히 식으로 나타낼 수 있게 된 것이죠. 이것은 곧 식 $y=f(x)$를 언제든지 기하학적 도형으로 나타낼 수 있고, 반대로 기하학적 도형을 식으로 나타낼 수 있다는 것을 의미합니다.

때문에 좌표가 처음 발견되었을 때 이것은 매우 획기적인 사건이 아닐 수 없었어요. 각기 다른 영역을 연구하는 이질적 학문 체계였던 대수학과 기하학을 하나로 묶고 교류하도록 하는 발판을 마련하였기 때문이지요.

▨극좌표는 무엇?

그럼, 이번에는 레이더 화면에서 위치를 알아보는 방법에 대해 알아볼까요?

천성선은 가지고 온 컴퓨터에서 인터넷을 연결하여 여러 개의 레이더 화면을 보여 주었습니다.

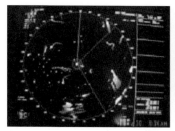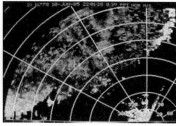

레이더 화면

비행기나 배가 나오는 전쟁 영화나 재난 영화에서 이와 같은 레이더 화면을 본 기억이 있죠? 보이는 것과 같이 레이더 화면은 그 종류가 다양하지만, 일반적으로 화면 가장자리에 나침반과 같은 방식으로 360° 방위가 표시되어 있어요. 레이더 화면에서 비행기나 선박의 위치는 현재 내가 있는 위치를 원의 중심으로 한 360° 방위와 거리를 이용하여 파악합니다.

앞에서 나침반에 대해 이야기할 때, 나침반으로는 정확한 위치를 알기가 어렵다고 했지요? 어느 한 지역을 기준으로 얼마나 떨어져 있는지가 나타나지 않기 때문이라고 했어요. 이 단점을 보완하여 정확한 위치를 나타낼 수 있는 아이디어가 바로 레이더 화면상의 위치를 나타내는 원리라 할 수 있습니다. 즉 직교좌표에서 x축과 y축을 기준으로 하여 평면상의 점의 위치를 나타내듯이 내가 있는 위치를 원의 중심으로 하여 $360°$ 방위와 거리를 이용하여 평면상의 점의 위치를 나타내는 것입니다.

그럼, 지금부터 내가 있는 위치를 원의 중심으로 하여 $360°$ 방위와 거리를 이용하여 평면 위에 있는 점의 위치를 나타내는 방법에 대해 자세히 알아보기로 할까요?

자와 컴퍼스, 각도기, 종이를 나누어 줄게요.

① 종이 위에 두 개의 점을 찍어 보세요. 하나는 여러분이 서
   있는 위치이고, 또 하나는 여러분이 나타내야 할 물체의 위
   치라 생각합시다.

• P물체

O나

② 점 O를 중심으로 하여 같은 간격으로 동심원들을 그려 보세
   요. 여기에서 여러 개의 동심원은 직교좌표에서의 평행선들
   로 이루어진 눈금선과 같은 역할을 하며, 각 원들의 반지름
   은 점 O로부터 얼마만큼 떨어져 있는지 그 거리를 알 수 있
   게 합니다.

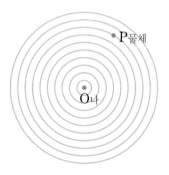

③ 점 O에서 직교좌표에서의 양의 축에 해당하는 반직선과 점 O와 점 P를 잇는 선분을 그어 보세요. 또 동심원들의 반지름으로 선분 OP의 길이를 나타내 보세요.

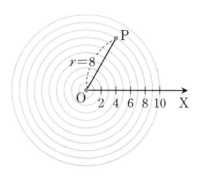

④ 이번에는 각도기를 이용하여 반직선 OX와 선분 OP 사이의 각의 크기를 재 보세요.

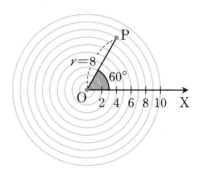

천성선이 들려주는 평면곡선 이야기

이때 점 P의 위치를 점 O로부터의 거리 r과 반직선 OX로부터 반시계 방향으로 회전한 각도를 이용하여 순서쌍 $(8, 60°)$로 나타낼 수 있어요. 이와 같이 나타낸 순서쌍 $(8, 60°)$를 점 P의 극좌표라고 합니다.

위의 활동을 정리하면, 평면 위 점 P의 극좌표는 현 위치점 O를 기준으로 하여 반직선 OX와 반직선 OP 사이의 각의 크기 θ와 점 O에서 점 P까지의 거리 r을 이용하여 (r, θ)로 나타냅니다. 이때 현 위치를 나타내는 점 O를 극Pole이라고 합니다.

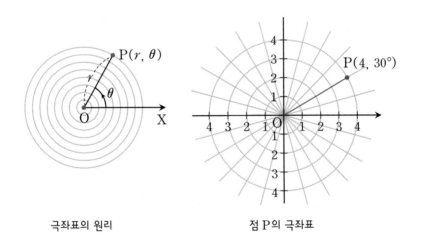

극좌표의 원리　　　　　　　점 P의 극좌표

그런데 나침반에서는 북쪽을 항상 기준으로 하죠? 하지만 수학에서 다루는 극좌표에서는 직교좌표에서의 x축을 기준선으로 합니다.

여러분은 이 극좌표가 처음이라 다소 이상하게 보일 수 있지만 실제로 극좌표는 생활에서 많이 활용되고 있어요. 항공·항해 관제사가 레이더 화면 위에 나타난 비행기나 선박의 위치를 결정할 때나 기상청에서 날씨를 예측할 때도 활용합니다.

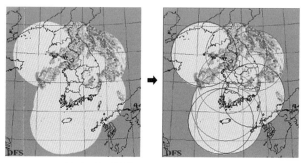

극좌표를 이용한 비구름의 경로 탐색

한편 직교좌표계에서 좌표가 (x, y)인 점 P가 움직일 때 나타낸 기하학적 도형을 식 $y = f(x)$로 나타낼 수 있듯이 극좌표계에서도 극좌표가 (r, θ)인 점 P가 움직여서 나타낸 도형을 식 $r = g(\theta)$로 나타낼 수 있어요.

구체적인 예를 들어 알아볼까요?

직교좌표계에서 x의 값과 상관없이 y의 값이 1인 모든 점들의

천성선이 들려주는 평면곡선 이야기

집합으로 이루어진 도형은 x축에 평행한 수평인 직선을 나타냅니다.

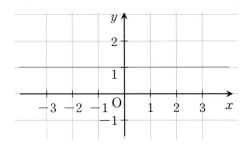

그래서 이 직선은 식 $y=1$로 나타냅니다.

하지만 극좌표계에서 식 $r=1$은 직선이 아닌, 원점으로부터의 거리가 1인 점들의 집합, 즉 중심이 원점이고 반지름이 1인 원을 나타냅니다.

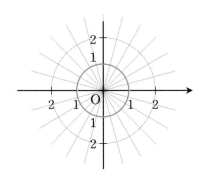

한편 똑같은 그래프도 직교좌표로 나타내는 경우와 극좌표로

나타내는 경우에 따라서 매우 다른 식으로 표현됩니다. 방금 이야기한 것처럼 극좌표계에서의 원을 나타내는 식은 $r=1$이지만, 직교좌표계에서 원을 나타내는 식은 $x^2+y^2=1$입니다.

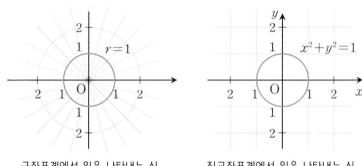

극좌표계에서 원을 나타내는 식   직교좌표계에서 원을 나타내는 식

이 경우에 어느 좌표계를 이용할 것인가는 편의의 문제이긴 하지만, 그래프의 특징을 보다 잘 나타내 주는 것을 선택하는 것이 의미가 더 큽니다.

위에서 나타낸 것처럼 원의 경우 원 위의 점은 어떤 점이든지 원의 중심에서 거리가 같다는 것이 가장 중요한 특징이므로 이것을 강조한 식이 훨씬 의미가 크다고 할 수 있어요.

예를 하나만 더 들어보기로 해요.

식 $r=3\theta$ ($\theta>0$)가 나타내는 그래프는 각이 커질수록 원점으

천성선이 들려주는 평면곡선 이야기

로부터의 거리가 커지므로 나선 모양이 됩니다. 이 나선의 경우는 나선 위의 각 점이 각이 커질수록 원점으로부터 거리가 멀어지는 특징을 가지고 있어 직교좌표보다는 극좌표를 이용하면 편리합니다.

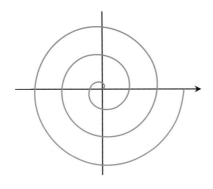

두번째
수업 정리

1 평면 위 점 P의 극좌표는 현 위치점 O를 기준으로 하여 반직선 OX와 반직선 OP 사이의 각의 크기 θ와 점 O에서 점 P까지의 거리 r을 이용하여 순서쌍 (r, θ)로 나타냅니다.

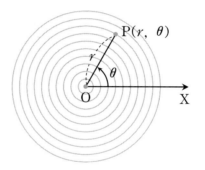

예를 들어, 아래 그림에서 점 P의 극좌표는 $(5, 150°)$ 입니다.

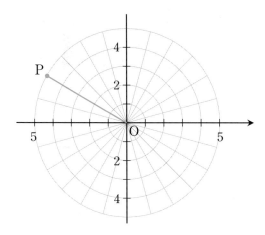

외유내강, 현수선

현수선이 실생활에서 활용되는 구체적인 예를 통해 그
특성을 알아보고, 이를 이용하여 부드럽고 단순하기 이를
데 없는 현수선이 다리 위에 놓이게 되면 엄청난 힘을
발휘한다는 사실에 대해서도 공부합니다.

세 번째 학습 목표

1. 현수선의 뜻에 대해 알아봅니다.
2. 현수선의 특징에 대해 알아봅니다.
3. 현수선이 활용되는 예에 대해 알아봅니다.

미리 알면 좋아요

1. 포물선 밤하늘을 아름답게 수놓는 불꽃놀이의 폭죽이나 분수대의 물이 솟아올랐다가 떨어지며 그리는 자취, 야구 선수가 친 공이나 투수가 던진 공이 날아가며 그리는 곡선의 모양은 모두 포물선입니다.

포물선을 그리며 날아가는 야구공

포물선 모양의 분수

물체를 던지거나, 대포를 쏘면 수평 방향으로는 일정한 속도로 날아가면서 동시에 수직 방향으로는 중력의 영향을 받아 올라갔다가 내려오는 운동을 하게 되는데, 이때 물체나 탄환이 그리는 곡선이 바로 포물선입니다. 대포를 발명한 후 '어떻게 하면 멀리 보낼 수 있을까? 어떻게 하면 원하는 곳에 도달하게 할 수 있을까?'를 연구하면서 포물선에 관한 이론이 만들어졌습니다. 포물선의 식은 이차함수 $y=ax^2+bx+c$ (a, b, c는 실수, $a \neq 0$)로 나타내어지며, 그래프를 그리면 위로 던진 물체가 그리는 곡선의 모양과 같습니다.

천성선의
세 번째 수업

▨ 현수선은 무엇?

천성선과 아이들은 인천국제공항 고속도로에 있는 영종대교기
념관 옥상 전망대에서 망원경으로 영종대교를 보고 있습니다.

영종대교

영종대교기념관

　지금 여러분이 있는 곳은 영종대교 기념관입니다. 이곳은 국내 최초 교량 과학관이기도 해요.

　오늘은 우리 눈앞에 있는 영종대교와 관련된 수학에 대해 공부를 하려고 해요.

　영종대교에는 과연 어떤 수학이 숨어 있을까요?

　아이들은 도통 짐작이 가지 않는다는 듯 망원경 앞으로 다가가 다시 영종대교를 열심히 살펴보았습니다.

　천성선은 한참을 지켜보다가 아이들을 데리고 2층에 있는 전시장으로 갔습니다. 전시장에는 영종대교, 인천국제공항 고속도로 각 구간 및 개화터널, 세계 10대 현수교, 도로 운영 시스템 등이 영상, 그래픽, 모형 등의 다양한 형태로 전시되어 있었습니다.

천성선은 영종대교 사진이 있는 곳으로 아이들을 모으더니 미리 준비해 온 기다란 끈을 적당한 길이로 잘라 아이들에게 나누어 주었습니다.

영종대교에 숨겨진 수학은 지금 나누어 준 끈과 관련이 있어요. 먼저 줄의 양 끝을 각각 두 손으로 잡고 줄을 늘어뜨려 보세요.

끈을 늘어뜨려 보던 아이들은 신기한 듯 연신 끈과 영종대교 사진을 번갈아보기 시작했습니다.

여러분이 잡고 있는 끈의 모양을 보니 어때요? 내가 이야기하지 않아도 왜 끈을 나누어 주었는지 알겠죠?

"네~~."

이렇게 늘어뜨린 끈 모양을 영종대교에서만 발견할 수 있는 것은 아니에요. 다른 곳에서도 본 적 있죠?

"빨래줄이요."

"전선줄도 이런 모양이에요."

"통행금지 쇠사슬도요."

천성선은 미리 준비해 온 여러 장의 사진을 보여 주었습니다.

빨래줄

통행금지 쇠사슬

전선줄

그래요. 이런 모양들은 우리 주변에서 쉽게 찾아볼 수 있어요. 사진 속 줄들처럼 굵기와 무게가 균일한 줄의 양끝을 같은 높이에 고정시키고 줄을 늘어뜨렸을 때 사이에 처진 줄 모양의 이런

천성선이 들려주는 평면곡선 이야기

곡선을 현수선懸垂線이라고 해요.

현수선은 '縣매달릴 현 垂드리울 수 線줄 선' 이라고 쓰는데, 문자 그대로 풀이하면 '매달려서 드리워진 줄' 이라는 뜻을 가지고 있어요.

▨ 현수선과 포물선은 달라요

사진을 열심히 보고 있던 동현이가 갑자기 생각이 난 듯 질문을 했습니다.

"선생님! 질문이 있어요. 영종대교나 사진 속의 곡선 말인데요. 포물선 아닌가요? 이차함수의 그래프를 그리면 그런 모양의 곡선이 나오잖아요."

그래요. 포물선과 비슷하죠?

천성선은 얼굴에 미소를 띠우더니 계속 이야기를 이어갔습니다.

그럼, 포물선이 뭐죠?

"농구나 야구 경기에서 자주 볼 수 있어요. 공이 날아가는 경로가 포물선이에요."

잘 알고 있군요. 물체를 공중으로 던졌을 때 그 물체가 그리는 경로가 포물선이에요.

"선생님, 영종대교에 매달린 줄 모양을 뒤집으면 포물선 모양과 같잖아요."

동현이의 관찰력이 예리하군요. 하지만 이 줄의 모양은 포물선과 그 모양이 매우 비슷할 뿐 포물선은 아니랍니다. 공중으로 비스듬히 던져 올린 물체가 그리는 경로가 포물선이라는 사실을 밝혔던 수학자이자 과학자인 갈릴레이조차도 이 늘어진 줄의 모양

천성선이 들려주는 평면곡선 이야기

을 포물선이라고 믿었을 정도니까요.

포물선을 나타내는 일반적인 식은 이차함수 $y = ax^2 + bx + c$ (a, b, c는 실수, $a \neq 0$) 꼴이고, 현수선의 식은 하이퍼코사인을 이용한 $y = a\cosh\dfrac{x}{a} = \dfrac{a}{2}(e^{\frac{x}{a}} + e^{-\frac{x}{a}})$의 꼴이에요. 분명히 포물선과 현수선이 다르다는 것을 알 수 있지요.

그래프를 그려 봐도 그 차이를 느낄 수 있답니다.

$a=1$일 때의 현수선의 식 $y=\cosh x$의 그래프와 또 이 현수선과 가장 비슷해 보이는 포물선의 그래프, 식 $y=x^2+1$을 그려 보면 다음과 같아요.

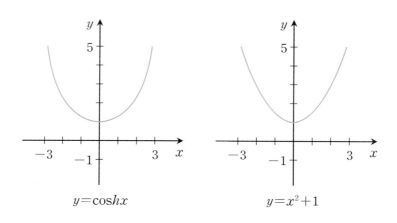

$y=\cosh x$

$y=x^2+1$

▨현수교는 왜 무너지지 않을까?

전시장 곳곳에 영종대교가 현수교라는 말이 쓰여 있죠?

현수선이 있는 다리를 현수교라고 합니다. 현수교를 영어로는 'suspension bridge'라고 하는데 이 역시 '매다는 다리'라는 뜻이에요. 이 현수교는 처음에 산악지의 원시민족들이 넝쿨을 나무에 매달아 계곡을 건너가는 수단으로 사용하기 위해 만들어졌어요.

천성선이 들려주는 평면곡선 이야기

블루마운틴의 현수교

국내 최초의 현수교는 지난 1968년에 착공하여 1973년에 완성된 남해대교총길이 660m예요. 이 남해대교는 영종대교2000년 완공, 총길이 4420m와 광안대교2003년 개통, 총길이 7420m가 등장하면서 국내 최대의 현수교라는 타이틀을 넘겨주었어요.

남해대교

광안대교

"그런데 선생님! 현수교가 아닌 다른 다리들은 교각들이 많아서 잘 무너지지 않을 것 같은데, 현수교는 교각의 수도 적을뿐더

러 매달린 선을 보면 모두 두꺼운 강철로 되어 있잖아요. 무게가 훨씬 더 나가니까 무너지지 않을까요?"

하하, 재미있는 생각이군요!

동현이의 걱정과 달리 남해대교는 무거운 줄을 매단 채 무려 40여 년 동안 잘 지탱해 왔어요. 길이가 무려 7420m나 되는 광안대교 역시 거센 태풍에도 끄떡없이 아름다움과 그 위엄을 자랑하고 있잖아요.

그것은 현수선이 가지고 있는 신비의 힘 때문이랍니다. 궁금하죠?

현수교를 잘 살펴보면 단지 다리를 장식하기 위해 설치했다기보다는 오히려 다리가 현수선에 매달려 있다는 느낌이 들지 않나요? 실제로 현수교는 다리 상판이 이 현수선에 매달려 있다고 해도 과언이 아닙니다.

장력
(ⅰ) 당기거나 당겨지는 힘.
(ⅱ) 물체에 연결된 줄을 팽팽하게 잡아당기면 줄은 물체에서 멀어지려는 방향으로 줄을 따라 물체를 잡아당긴다. 이때 줄이 팽팽히 당겨진 긴장 상태에 있기 때문에 이러한 힘을 장력이라고 한다. 줄에 걸린 장력은 물체에 작용하는 힘의 크기와 같다.

❷ 두 손으로 줄을 잡고 늘어뜨리면 줄의 어느 지점에서나 중력이 작용하게 됩니다. 이때 이 중력에도 불구하고 줄이 계속 아래로 처지지 않고 현수선의 모양을 이루며 균형을 이루는 것은 중력에 상응하여 줄의 위쪽 방향으로 작용하는 힘, 즉 줄의 방향으로의 장력❷이 있기 때문이에요.

천성선이 들려주는 평면곡선 이야기

이 원리를 이용하여 현수교에서 현수선주케이블은 매달린 다리
자체의 무게와 그 위를 지나다니는 교통량의 무게를 분산시키는
역할을 합니다. 그리고 이 케이블을 다시 교탑이 지지하게 되지
요. 장식으로 달아놓은 것이 결코 아니랍니다.

이렇게 단순한 원리를 활용하여 거대한 강재 구조물로 만들어진 두 개의 교탑과 앵커 블록에 연결된 케이블만으로 수천 톤, 수만 톤에 해당되는 다리 상판을 매달 수 있다니 놀랍지 않은가요?

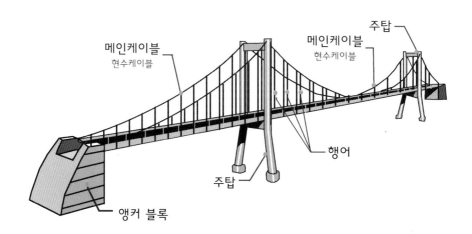

천성선이 들려주는 평면곡선 이야기

때문에 현수교는 두 개의 교탑과 교탑에 매달 줄이 가장 중요
한 구성요소입니다. 수심이 깊고 파도가 심해 교각을 여러 개 세
우기 어려운 바다나 협곡 같은 곳에 많이 세우지요.

현수선은 다리에서만 진정한 가치를 보여주는 것이 아니에요.

현수선을 위아래로 뒤집으면 아치 모양이 되는데 아치 모양의
구조물 또한 현수선 모양이 되었을 때 가장 안정된 것으로 알려
져 있어요.

그 이유는 현수선이 중력에 대하여 줄 방향의 장력만으로 지탱되는 것과 마찬가지로 아치의 각 지점이 아치 곡선 방향의 '압력'으로만 지탱되는 것이 가능하기 때문이에요.

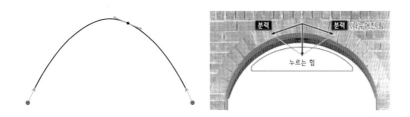

이렇게 아치의 역학은 힘의 방향만 반대일 뿐 현수선과 동일하다는 것을 알 수 있어요. 석빙고의 지붕, 불국사 청운교, 남대문 등의 출입구에서 볼 수 있는 아치형 구조물은 현수선의 모양을 위아래로 뒤집어 놓은 형태입니다.

경주 석빙고

불국사 청운교

천성선이 들려주는 평면곡선 이야기

지금까지도 견고한 이들 건축물을 보면 우리 조상들이 비록 하이퍼코사인 함수는 몰랐지만, 현수선이 가지고 있는 저력을 훌륭하게 사용하는 지혜를 갖고 있었음을 알 수 있습니다.

세번째
수업 정리

① 현수선

굵기와 무게가 균일한 줄의 양끝을 같은 높이에 고정시키고 줄을 늘어뜨렸을 때, 사이에 처진 줄 모양의 곡선을 현수선이라고 합니다.

현수선은 포물선과 그 모양이 매우 유사하지만 포물선과 전혀 다른 곡선입니다.

② 현수선은 어느 지점에서나 중력에 대해 줄의 방향으로의 장력이 작용합니다.

자전거 바퀴의 수학, 사이클로이드 곡선

생소한 이름인 사이클로이드 곡선의 개념과 그에 얽힌
일화들에 대해 알아보고, 사이클로이드 곡선이 최단강하
곡선임과 동시에 등시성을 지닌 곡선이라는 사실에 대해
서도 자세히 공부합니다.

1. 사이클로이드 곡선의 뜻에 대해 알아봅니다.
2. 사이클로이드 곡선이 최단강하곡선임을 확인해 봅니다.
3. 사이클로이드 곡선이 등시곡선임을 확인해 봅니다.
4. 자연이나 실생활에서 사이클로이드 곡선이 활용되는 예에 대해 알아봅니다.

미리 알면 좋아요

1. 자취 아무도 지나가지 않은 눈이 쌓인 길을 걸어가면 점점이 발자취가 남습니다. 수학에서도 이와 비슷한 현상이 있습니다. 점이나 선이 일정한 조건을 유지하면서 움직이면 도형이 그려지는데, 이때의 도형을 자취 또는 궤적이라고 합니다.

예를 들어, 점 P가 한 고정된 점 O로부터 같은 거리를 유지하면서 움직이면 아래 그림과 같이 원을 그리게 되는데, 결국 점 P의 자취는 바로 원을 나타냅니다.

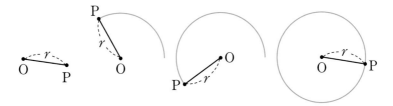

천성선의
네 번째 수업

▨사이클로이드 곡선은 무엇?

천성선과 아이들은 서울 능동 어린이 대공원 내 수학체험관에 모여 여러 가지 재미있는 활동을 하면서 수학 체험을 하고 있습니다.

이곳은 국내 최초의 수학체험관으로, 보고 만지고 느끼는 단순한 관람과 활동으로 그치지 않고, 활동을 통해 수학의 아름다움과

실용성을 발견하도록 하는 데 큰 도움이 되고 있습니다. 전시관은 유치원생부터 초 · 중 · 고등학생, 교사 및 학부모들까지 누구라도 다양한 수학의 세계를 경험할 수 있도록 꾸며져 있습니다.

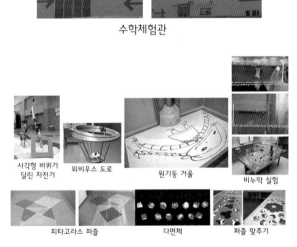

수학체험관

사각형 바퀴가
달린 자전거   외비우스 도로   원기둥 거울   비누막 실험

피타고라스 퍼즐   다면체   퍼즐 맞추기

수학 체험 활동

아이들이 자유롭게 활동을 하도록 한 후 어느 정도 시간이 흐르자 천성선은 독특하게 생긴 미끄럼틀 앞으로 아이들을 불러 모았습니다. 미끄럼틀처럼 생긴 이 기구에는 각각 길이와 모양이 다른 세 종류의 통로가 만들어져 있었습니다.

천성선이 들려주는 평면곡선 이야기

오늘은 먼저 이 기구를 탐색하면서 수업을 시작해 볼까요?

보다시피 이 미끄럼틀 기구에는 각각 곡률이 다른 세 종류의 통로가 있어요. 가장 왼쪽의 첫 번째 통로는 직선이고, 가운데의 두 번째와 세 번째 통로는 포물선이에요. 오른쪽의 네 번째와 다섯 번째 통로는 사이클로이드라고 해요. 처음 들어 보죠?

내가 동시에 각 통로에 공을 떨어뜨려 볼 거예요. 어느 통로의 공이 가장 먼저 바닥에 도착할까요?

"직선이요!"

"직선이 길이가 가장 짧으니까 제일 빨리 도착해요~."

아이들은 대부분 '직선'이라고 대답했습니다.

자~, 그럼 굴려서 확인해 볼까요?

천성선은 동시에 공을 떨어뜨렸습니다. 공이 바닥에 도착하자마자 아이들은 매우 놀랍다는 표정을 지으며 웅성거렸습니다.

"뭐야? 직선이 가장 느리잖아!"

"사이클로이드 곡선이 가장 빠르다~."

"선생님, 뭔가가 좀 이상해요. 다시 한 번 굴려 봐요."

아이들의 의심을 해소하기 위해 천성선은 다섯 개의 공을 다시 한 번 맨 위에서 떨어뜨렸습니다. 하지만 이번에도 역시 사이클로이드 곡선 통로에 떨어뜨린 공이 가장 빨리 바닥에 도착하였습니다.

"선생님! 도대체 사이클로이드 곡선이 뭐예요?"

궁금하지요? 그럼 이제, 사이클로이드 곡선이 무엇인지 알아

보기로 할까요?

천성선은 아이들을 체험관 밖으로 데리고 나갔습니다. 거기에

는 자전거 한 대가 놓여 있었습니다.

이 자전거의 뒷바퀴 한 곳에 내가 파란색 테이프를 붙여 놓았어요. 지금부터 내가 이 자전거를 타고 직선 방향으로 천천히 달릴 거예요. 그러면 뒷바퀴에 붙인 파란색 테이프도 함께 움직이겠죠? 이때 여러분이 할 일은 파란색 테이프가 어떤 모양을 그리는지 그 자취를 살펴보는 것이에요.

천성선은 아이들이 파란색 테이프의 움직임을 잘 관찰할 수 있도록 천천히 자전거 페달을 밟았습니다.

천성선이 들려주는 평면곡선 이야기

자~, 파란색 테이프가 어떤 모양을 그리던가요?

"바퀴보다 크기가 큰 원의 일부를 잘라 놓은 모양이 계속 반복되면서 그려져요."

원의 일부? 정말 그럴까요?

그럼, 사이클로이드 곡선이 정확히 어떤 모양인지 실제로 그려 보면서 알아보기로 할까요?

천성선은 미리 준비한 이동식 칠판인 화이트보드 앞으로 아이들을 모은 다음, 두꺼운 종이로 만든 원판을 꺼내 놓았습니다. 원판의 가장자리에는 한 개의 작은 구멍이 뚫려 있었습니다. 천성선은 작은 구멍에 보드마카화이트보드에 사용하는 펜를 끼운 다음, 원판을 칠판 밑부분의 직선 받침대를 따라 굴리기 시작했습니다.

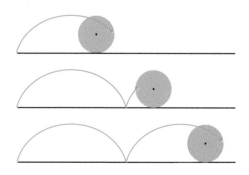

"어? 선생님, 아까 자전거 바퀴의 파란색 테이프가 그린 그림과 같아요."

맞아요. 칠판에 그려진 이 곡선이 바로 아까 자전거 바퀴가 움직일 때 파란색 테이프가 그린 곡선 모양입니다.

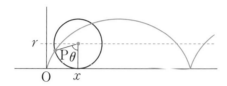

반지름의 길이가 r인 바퀴 위의 한 점 P의 굴러가는 방향으로의 좌표를 x, 바닥으로부터 점 P까지의 거리를 y라 하면 점 P가 이루는 자취는 다음과 같이 나타냅니다.

$$x=r(\theta-\sin\theta),\ y=r(1-\cos\theta)$$

1599년경 갈릴레오 갈릴레이는 마차를 타고 가다가 마차 바퀴 자국에서 힌트를 얻어 이 곡선을 발견하고 사이클로이드cycloid 라는 이름을 붙였다고 해요. 사이클로이드는 '바퀴'라는 의미의 그리스어에서 나온 말이에요.

사이클로이드 곡선은 그 모양이 원의 일부처럼 보이지만 결코 아니에요. 사이클로이드 곡선에 접하거나 사이클로이드 곡선의 양 끝점을 지나는 여러 개의 반원을 그려 보면 바로 확인할 수 있습니다.

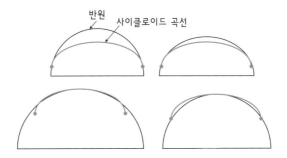

1634년 프랑스의 수학자 드 로베르발은 원의 넓이와 비교하여 사이클로이드 곡선 밑의 넓이를 밝히기도 했어요. 한 번 회전으로 만들어진 사이클로이드 곡선 한 호의 길이는 원 반지름의 8배이고, 그 넓이는 원 넓이의 3배가 된다는 것이었어요.

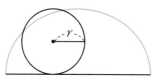

사이클로이드 곡선의 길이 $=8r$

사이클로이드 곡선 밑의 넓이 $=3\pi r^2$

한편 사이클로이드 곡선에 대한 기하학적 설명을 거의 완전하게 완성한 사람은 수학자 파스칼이에요. 우리에게는 최초의 계산기를 발명하고 수삼각형을 발견한 수학자로 더 많이 알려져 있지요.

1658년 파스칼은 치통으로 밤잠을 설치던 어느 날 밤 그동안 미뤄두었던 사이클로이드 곡선 문제를 떠올리고 해결하기 위해 고민을 했다고 해요. 만약 여러분이 이가 아픈 데다가 수학까지 해야 한다면, 치통에 두통까지 겹칠 일이라고 생각하겠지만 파스칼은 오히려 치통을 잊을 수 있었다고 해요.

파스칼은 이것을 두고 '신의 계시'라 생각하고 8일 동안 온 힘을 기울여 연구한 결과 사이클로이드 곡선을 x축으로 회전시켜

천성선이 들려주는 평면곡선 이야기

서 만들어지는 회전체의 부피와 겉넓이, 무게중심을 찾는 방법 등 사이클로이드 곡선과 관련된 여러 가지 문제를 해결했어요. 그러고 나서 파스칼은 아모스 뎃동빌Amos Dettonville이라는 가명으로 수학자들에게 사이클로이드 곡선과 관련된 넓이, 부피, 무게중심을 포함한 문제들을 풀어 보도록 제안했어요. 이 제안은 이후 여러 수학자들 사이에 많은 논쟁을 불러일으키는 원인이 되기도 하였지만 새로운 수학의 영역을 발견하는 데에도 영향을 미쳤답니다.

이후 수학자들은 많은 논쟁을 불러일으킨 사이클로이드 곡선을 수학에서의 '불화의 사과The apple of discord'라 부르기도 하고, 또 많은 매력적인 성질을 가지고 있다고 해서 트로이 전쟁의 원인이 되었던 왕비 헬렌의 아름다움에 빗대어 '기하학의 헬렌The Helen of geometry'이라고 부르기도 합니다.

▨짧은 길이 가장 빠른 것은 아니에요

1696년 요한 베르누이는 '세상에서 가장 영리한 수학자들'에게 브라키스토크론[8] 문제를 풀어 보도록 제안하였어요. 이 문제를 해결하는 시간

③ -

브라키스토크론 brachistochrone 그리스어의 가장 짧음을 의미하는 'brakistos'와 시간을 의미하는 'kronos'를 합친 말. 보통 '최단강하선', 또는 '최속강하선'이라고 불린다.

으로는 6개월을 제시했습니다.

브라키스토크론 문제Brachistochrone Problem
일정한 중력이 존재하는 곳에서 위아래로 떨어져 있는 서로
다른 두 점 A와 B 사이에 실이 연결되어 있다고 합니다. 구
슬이 중력의 영향을 받아 A에서 실을 따라 B로 미끄러져
내려간다고 할 때, 구슬이 어떤 경로를 따라 내려가야 가장
빨리 내려갈 수 있을지 구하시오. 단, 실의 길이는 조절할 수 있다.

당연히 많은 과학자들이 이 문제에 관심을 가졌습니다.

사실 이 문제를 맨 처음 낸 사람은 갈릴레오 갈릴레이였는데
그는 이 곡선이 원의 호라고 잘못 생각했습니다. 이 문제를 접한
요한 베르누이는 오랜 시간동안 힘들게 답을 구한 후 1696년 독
일 과학 저널인 〈학술기요Acta Eruditorum〉 6월호에 실었어요.

이 문제는 당대의 내로라하는 과학자들, 야곱 베르누이와 요한 베르누이 형제, 뉴턴, 라이프니츠, 로피탈 등에 의해 해결되었어요.

답을 얻기 위해 대부분의 과학자들은 몇 달에 걸쳐 고민을 했지만 뉴턴은 고작 몇 시간 만에 해결했다고 해요.

어느 날 오후에 이 문제를 받아든 뉴턴은 가족과 즐겁게 저녁 식사를 한 후 잠자리에 들었을 때 이미 해답을 완성했어요. 다음 날 뉴턴은 서명도 하지 않고 잉크가 채 마르기도 전에 출제자인 베르누이에게 답안을 보냈는데, 베르누이는 단숨에 뉴턴의 답이라는 것을 알아채고 크게 웃으며 "사자는 발톱만 보아도 안다"고 외쳤다고 해요. 뉴턴의 천재성은 누구나 다 알고 있지만 역시 놀라운 일임에 틀림없죠.

세상에서 가장 영리한 수학자들이여 이 문제를 풀어 보시오.

시간은 넉넉히 6개월을 주겠소.

브라키스토크론 문제
Brachistochrone Problem

일정한 중력이 존재하는 곳에서 위 아래로 떨어져 있는 서로 다른 두 점 A와 B 사이에 실이 연결되어 있다고 합니다. 구슬이 중력의 영향을 받아 A에서 실을 따라 B로 미끄러져 내려간다고 할 때 구슬이 어떤 경로를 따라 내려가야 가장 빨리 내려갈 수 있을지 구하시오.

단, 실의 길이는 조절할 수 있다.

6개월도 짧아!

이 문제는 절대 풀 수 없어.

이 브라키스토크론 문제의 정답은 직선도, 원의 일부도 아닌 사이클로이드 곡선이에요. 언뜻 생각하면 직선으로 이루어진 경로가 최단거리로 가장 빠를 것 같지만 여러분들이 미끄럼틀 기구에서 실제로 확인해 본 것처럼 사이클로이드 곡선을 따라 내려가는 것이 가장 빨라요.

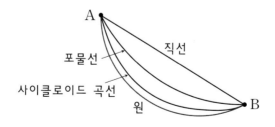

천성선이 들려주는 평면곡선 이야기

미끄럼틀의 경로가 이와 같이 네 가지 모양, 즉 직선, 포물선, 사이클로이드 곡선, 원으로 되어 있다고 생각해 봅시다.

직선 통로로 공을 굴리면 통로의 각 지점에서 나머지 세 통로에 비해 중력이 가장 작게 작용하기 때문에 거리는 짧지만 시간은 가장 오래 걸립니다.

사이클로이드 곡선보다 길이가 약간 짧은 포물선 모양의 통로에서는 사이클로이드 곡선 모양의 통로에 비해 중력에 의한 초기속도가 작고, 원 모양 통로의 경우는 중력에 의한 초기 속도가 크지만 거리가 사이클로이드보다 길기 때문에 늦게 도착합니다.

사이클로이드 곡선은 각 위치에 따라 가속력이 더욱 가속을 받는 '변하는 가속력'을 받게 되어 가장 빨리 내려오게 되는 것입니다.

따라서 사이클로이드 곡선은 지구상에서 중력과 거리가 가장 조화를 잘 이루는 곡선으로, 가장 빠른 길입니다. 이런 이유로 사이클로이드 곡선을 최단시간곡선 또는 최단강하곡선[4]이라고 합니다.

❹ 최단강하最短降下곡선
'강하降下'는 '하강下降'을 뜻하는 것으로, 최단강하곡선이란 최단시간 하강곡선을 의미한다.

▨어디서 출발하든 같은 시간에 도착하는 마법의 길

천성선은 미끄럼틀 기구의 두 사이클로이드 곡선 통로에서 공의 위치를 달리하여 공을 떨어뜨렸습니다. 하나는 미끄럼틀 맨 위에서 떨어뜨리고 또 하나는 $\frac{1}{3}$쯤 내려간 곳에서 공을 떨어뜨렸습니다.

유심히 실험을 살펴보고 있던 아이들은 두 개의 공이 맨 아래에 도착하는 것을 보고 놀라워하였습니다. 두 개의 공이 동시에 도착하였기 때문입니다.

"선생님! 믿을 수가 없어요. 공을 떨어뜨린 위치가 다른데 어떻게 동시에 도착하죠?"

이것은 사이클로이드 곡선의 중요한 특성 중 하나예요. 사이클로이드 곡선 위에 놓인 물체는 제일 위에서 출발하든, 중간 지점에서 출발하든, 도착하는 데 걸리는 시간이 같답니다. 즉 사이클로이드 곡선 위의 서로 다른 위치에서 공을 동시에 출발시키면 똑같이 도착하는 것이죠.

이런 이유로 사이클로이드 곡선을 등시곡선Tautochrone이라고 합니다. 등시곡선은 곡선상의 어느 점에서 출발하더라도 동시에

원점에 도착하는 곡선을 말합니다. 사이클로이드 곡선은 대표적인 등시곡선이라고 할 수 있어요.

등시성을 가지고 있는 것이 또 있답니다. 진자가 바로 그것이에요.

하지만 진자의 등시성은 진폭이 작은 경우에만 성립하며, 진폭이 커지면 등시성이 깨진다고 해요. 일반적으로 진폭이 커지면 주기가 증가하기 때문이에요.

이 진자의 등시성은 1583년 성당에서 예배를 드리던 갈릴레이가 천장에 매달린 진자를 보고 발견했다고 해요. 그런데 갈릴레이는 진폭에 상관없이 진자가 등시성을 가지고 있다고 이야기했는데 그것은 정밀한 시계가 없어 이 사실을 확인하지 못했던 것 같아요.

한편 네덜란드의 물리학자 호이겐스는 1673년 저서 《진자시계》를 통해 진자가 원호가 아닌 사이클로이드 곡선을 따라 움직일 경우에 진자의 궤도가 등시곡선이 된다는 것을 증명했어요. 즉 호 ABC가 사이클로이드 곡선일 때, 한 물체가 A와 B 사이의 어떤 점에서 출발해도 항상 같은 시간에 점 C에 도달하게 됩니다.

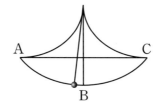

또 호이겐스는 이러한 성질을 이용해 진자시계를 만들기도 했어요.

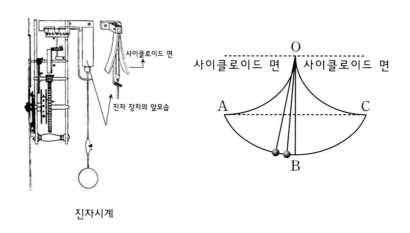

진자시계

그의 진자시계는 두 개의 사이클로이드 곡선 면 사이에서 진자가 움직이도록 만든 것인데 이때 진자가 움직이면서 그리는 궤도는 사이클로이드 곡선이 됩니다. 따라서 등시곡선인 사이클로이

드 곡선을 따라 움직이는 진자는 진폭에 상관없이 일정한 주기를
갖게 되죠.

▨사이클로이드 곡선과 생활의 만남

천성선이 초가집과 기와집의 사진을 아이들에게 나누어 주며
살펴보도록 하였습니다. 아이들은 천성선이 사진을 나누어 준 이
유를 알겠다는 듯이 사진을 자세히 살펴보았습니다.

"선생님! 초가집이나 기와집에서 사이클로이드 곡선을 찾아보
라는 거죠?"

우리 선조들만큼이나 현명하군요. 그래요. 우리의 한옥에서 사
이클로이드 곡선을 쉽게 찾아볼 수 있답니다. 우선 사진을 보면
서 한옥에 대해 조금만 이야기해 봅시다.

한국의 미를 대표하는 것 중의 하나가 한옥이나 버선에서 볼
수 있는 곡선이랍니다. 경망스럽지 않으면서도 경쾌하고, 밋밋하
지 않으면서 단아한 느낌을 주지요. 특히 한옥의 지붕선이 나타
내는 곡선은 뒷산의 능선과 닮아 친근감과 함께 편안함까지도 느
끼게 해 줍니다. 초가지붕은 볏짚이나 밀짚 등을 엮어 만드는데

짚은 속이 비었기 때문에 그 안의 공기가 단열 효과를 발휘해 여름철에는 더위를 막고, 겨울철에는 집안의 온기가 밖으로 빠져나가는 것을 막아 줍니다. 사이클로이드 곡선을 나타내는 지붕 선은 빗물이 잘 흘러내리므로 두껍게 덮지 않아도 비가 스미지 않아 지붕이 썩는 것이 막아 주지요.

초가지붕에서 볼 수 있는 사이클로이드 곡선

초가지붕과 마찬가지로 한옥의 많은 부분을 차지하고 있는 기와집이나 목조 건축인 사찰의 경우에도 기와의 모양은 물론 지붕의 형태에 모두 사이클로이드 곡선이 적용되어 있어요. 목조 건축인 한옥에서 빗물이 기와에 스며들면 부재가 썩거나 뒤틀리기 때문에 이를 막기 위해 가능한 한 빗물이 기와에 머무는 시간을 줄여야 하고, 여름철 폭우가 쏟아질 경우 최대한 빨리 빗물을 흘려보내야 하기 때문에 이러한 곡선을 나타내는 것이죠.

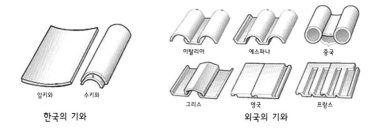

한국의 기와

암키와　　수키와

이탈리아　　에스파냐　　중국

그리스　　영국　　프랑스

외국의 기와

전통 건축에서는 모든 부분이 주위에서 찾기 쉬운 재료를 가지고 최대한의 효과를 내고 있어요. 뿐만 아니라 사이클로이드 곡선이라는 수학적 개념을 알지 못했으면서도 효율성은 물론 아름다움까지 겸비한 건물을 지어 낸 선조들의 지혜는 놀라움 그 자체라 할 수 있어요.

이 외에도 지금은 자동차의 변속기어 등도 회전이 원활하고 마모가 적도록 하기 위하여 사이클로이드 곡선을 이용하여 제작하는가 하면, 폴더형 휴대 전화에서 폭이 넓은 텔레비전 화면을 보기 위해 화면을 옆으로 90° 회전시킬 때 사이클로이드 곡선을 활용하기도 합니다.

제2차 세계대전 당시 독일에서는 폭격기를 만들 때 사이클로이드 곡선의 특성을 적용한 장치를 만들어 장착하기도 했어요. 바로 '급하강 폭격기'라는 뜻을 지닌 폭격기, 수투카Stuka입니다.

수투카는 매처럼 급강하하여 적의 혼을 빼놓는 폭격기입니다. 스투카는 가장 효과적인 폭격을 하기 위해 초기에 수직에 가까운 급강하 기수하강과 동시에 급강하 회복 장치를 장착했어요. 중력 가속도를 고려하여 수투카가 전방의 목표물을 폭격하려고 할 때, 직선 운동이 아닌 사이클로이드 곡선을 그리는 폭격이 더 짧은 급강하 폭격을 하는 데 효율적이라는 사실을 이용한 것이죠.

사람뿐만 아니라 동물도 사이클로이드 곡선의 주요 특성을 자연적으로 습득해서 이미 사용하고 있답니다.

독수리가 먹이를 잡으러 내려오는 포획 곡선이 사이클로이드 곡선과 비슷한 형태를 띤다는 것이에요.

독수리는 사냥감을 발견한 지점부터 사냥감이 있는 지점까지 직선 항로를 날아서 다가가지 않아요. 공중에서 자유 낙하하듯이 하방으로 떨어지기 시작하다가 어느 시점부터 소위 사이클로이드 곡선으로 알려진 자연스러운 곡선을 그리며 사냥감을 낚아챕니다.

낙하 에너지를 이용해 빠른 시간 내에 속도를 확보하고 그 가속도를 이용해 사냥감에 다가감으로써 전체적인 시간을 줄이게 되는 것이죠.

또한 물의 저항을 최소로 하기 위해 물고기의 비늘에도 사이클
로이드 곡선이 숨겨져 있어요.

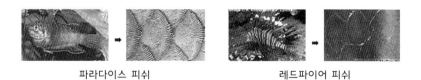

파라다이스 피쉬   레드파이어 피쉬

독수리나 물고기가 사이클로이드 곡선을 알고 있을 리는 없고,
자연의 지혜와 효율성에 다시 한 번 놀라지 않을 수 없네요.

천성선이 들려주는 평면곡선 이야기

네번째
수업 정리

1 사이클로이드 곡선

회전하는 바퀴상의 한 점의 자취를 말합니다. 예를 들어, 자전거 바퀴의 한 지점에 발광 물질을 붙이고 움직이면 발광 물질은 호빵 모양의 사이클로이드 곡선을 그립니다.

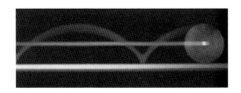

2 최단강하곡선

위아래로 떨어진 두 지점 사이에서 어떤 경로를 따라 내려가는 것이 가장 빠를까?

흔히 생각하면 직선 경로가 가장 짧은 거리이기 때문에 가장 빠를 것 같지만 실상은 사이클로이드 곡선을 따라 내려가는 것이 가장 빠릅니다.

❸ 등시곡선

아래 그림에서와 같이 사이클로이드 곡선에서 미끄럼을 타는 아이는 어느 지점에서 출발해도 가장 낮은 지점까지 도착하는 데는 같은 시간이 걸립니다. 따라서 사이클로이드 곡선은 등시곡선이라 할 수 있습니다.

자연의 성장 패턴, 로그나선

로그나선의 개념을 정확히 이해하기 위해 대표적인
두 가지 나선, 즉 아르키메데스 나선과 로그나선을 비교해
보고, 특히 로그나선이 자연에서 가장 많이 발견되는
이유에 대해 알아봅니다.

1. 아르키메데스 나선에 대해 알아봅니다.
2. 로그나선에 대해 알아봅니다.
3. 등각나선에 대해 알아봅니다.
4. 황금나선을 그려 보고 황금나선이 로그나선임을 알아봅니다.
5. 자연 속 로그나선에 대해 알아봅니다.

미리 알면 좋아요

1. **수열** 유한개 또는 무한개의 수를 특정한 순서로 나열해 놓은 것을 말합니다.

   2, 4, 6, 8, …과 같이 일정한 규칙에 따라 나열할 수도 있고, 3, 7, 6, 5, …와 같이 아무런 규칙 없이 나열할 수도 있습니다. 이때 나열된 수들 중 각각의 수를 수열의 '항' 이라고 합니다.

2. **등차수열** 수열의 각 항이 그 앞의 항에 일정한 수를 더한 것으로 이루어진 수열을 말합니다.

   수열 1, 3, 5, 7, 9, 11, 13, 15, 17, …은 첫째항부터 각 항에 '2'씩 더하여 만든 것입니다. 여기서 '2'와 같이 일정하게 더하는 수를 '공차' 라고 합니다.

   여기에서 등차等差는 차差가 똑같다는 것을 뜻합니다. 위의 수열에서 이웃하는 두 항의 차를 계산해 보면 모두 2로 같음을 확인할 수 있습니다.

3. **등비수열** 수열의 각 항이 그 앞의 항에 일정한 수를 곱한 것으로 이루어
   진 수열을 말합니다. 기하수열이라고도 합니다.

   수열 1, 3, 9, 27, 81, …은 첫째항부터 각 항에 '3'을 곱하여 만든 것입
   니다. 여기서 '3'과 같이 일정하게 공하는 수를 '공비'라고 합니다.

   여기에서 등비等比는 비比가 서로 똑같다는 것을 뜻합니다. 실제로 위의 수
   열에서 이웃하는 두 항의 비를 계산해 보면 $\dfrac{3}{1}=\dfrac{9}{3}=\dfrac{27}{9}=\cdots$ 모두 3으
   로 같습니다.

4. **황금비** 선분을 두 개의 선분으로 나눌 때 긴 선분에 대한 전체 선분의 비
   와 짧은 선분에 대한 긴 선분의 비가 같은 비를 말합니다.

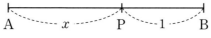

전체 길이 : 긴 길이＝긴 길이 : 짧은 길이

$$x+1 : x = x : 1$$

이것을 만족하는 분할의 비인 황금비의 값은

$x=\dfrac{(1+\sqrt{5})}{2}=1.618\cdots$입니다.

많은 미술가들에 따르면 모든 직사각형 중에서 특히 가로의 길이에 대한
세로 길이의 비가 1.618…인 황금사각형이 눈으로 보기에 가장 안정적으
로 보인다고 합니다.

$$\prod \frac{1}{1 - \frac{1}{p^s}} = \sum \frac{1}{n^s}$$

나선

천성선과 아이들은 부산 해양자연사 박물관에서 수업을 하기로 하였습니다.

이 박물관은 국내 최초의 해양자연사 전문 박물관으로, 전시품의 상당수가 희귀성 면에서 국제적 해양자연사 박물관 수준이라고 합니다. 이곳은 생물의 박제 모형뿐만 아니라 실제 살아 숨 쉬는 열대생물들을 전시하고 있기도 합니다.

부산 해양자연사 박물관

천성선은 아이들을 패류관 입구에 모이도록 한 후 이야기를 시작했습니다.

패류관

오늘은 이 전시실에 있는 패류 중에서도 특히 달팽이, 고둥, 소

라와 관련된 수학에 대해 알아보려고 합니다. 이 전시실을 돌아
보면서 특히 달팽이, 고둥, 소라에 관심을 집중하여 자세히 살펴
보도록 하세요.

아이들이 관찰하는 모습을 한참동안 지켜본 천성선은 아이
들을 모은 다음, 몇 장의 사진을 아이들에게 돌려보도록 하였
습니다.

| 꽃뿔소라 | 황색나선층고둥 | 헬리코스틸라달팽이 | 울타리고둥 |
| 페딕스바퀴고둥 | 큰수정달팽이 | 높은탑큰구슬달팽이 | 나사고둥 |

여러분들이 보고 있는 사진은 이 전시실에 진열되어 있는 것들
이에요. 이 전시실의 수많은 패류 중에서 특별한 모양이 공통적
으로 들어 있는 것들만을 가져온 것이랍니다.

모두 어떤 모양을 공통적으로 하고 있나요?

"소용돌이 모양을 하고 있어요."

그래요. 오늘 여러분과 함께 공부할 내용이 바로 이 소용돌이 모양을 하고 있는 곡선이에요. **소용돌이선** 또는 **나선**이라고 하지요.

혹시 이 달팽이나 소라 종류 외에 다른 곳에서 또 나선을 본 적 없나요?

"여치집이랑 비슷해요."

"호박 넝쿨에서도 봤어요."

천성선은 준비해 온 또 다른 사진을 보여 주었습니다.

내가 또 사진을 준비했답니다. 여치집, 호박 넝쿨, 이 외에도 뉴스에서 본 적이 있을 거예요. 바로 태풍의 눈! 또 밧줄을 둥그렇게 감은 모습도 나선 모양이죠.

여치집   호박 넝쿨

태풍의 눈   밧줄

소라, 달팽이, 고둥, 여치집, 호박 넝쿨, 태풍의 눈, 감겨진 밧줄에 나타난 나선!

그 모양이 비슷해 보이지만 자세히 살펴보면 많이 다르다는 것을 알 수 있어요.

아르키메데스 나선, 로그나선, 쌍곡 나선, 페르마 나선 등 나선은 그 종류가 매우 다양하답니다.

오늘은 이 중에서 로그나선에 대해 집중적으로 알아보려고 해요.
그리고 로그나선을 다루기에 앞서 여러분들이 많이 알고 있는
아르키메데스 나선에 대해서도 간단히 이야기해 보려고 합니다.
모양과 특징이 다른 두 나선을 서로 비교해 보면서 알아보면 로
그나선의 특징을 더 잘 알 수 있기 때문이에요.

▨아르키메데스 나선

앞에서 보여 준 사진 중 특히 밧줄을 감을 때 나타나는 나선을
아르키메데스 나선이라고 합니다. 보통 나선이라 하면 이 아르키
메데스 나선을 많이 떠올리게 되죠.

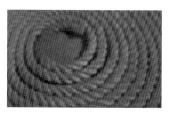 

아르키메데스 나선

이 나선은 민속관이나 전통 마을에서도 볼 수 있어요. 초가집
뒤편 담에 돌돌 말아 매달아 놓은 멍석을 본 적 있죠?

천성선이 들려주는 평면곡선 이야기

또 두루마리 화장지에도 숨겨져 있어요. 얇아서 멍석처럼 나선이 잘 드러나진 않지만 역시 아르키메데스 나선을 볼 수 있답니다.

아르키메데스 나선이 숨어 있는 멍석과 두루마리 화장지

아르키메데스 나선은 '아르키메데스'라는 이름에서 알 수 있듯이 아주 오래 전 고대로부터 잘 알려져 왔어요.

320년경에 활동한 알렉산드리아의 파포스에 따르면 코논이 아르키메데스 나선을 발견했다고 해요.

이 나선을 폭넓게 이용한 사람은 바로 수학자 아르키메데스고요.

그는 이 나선을 이용하여 '나선식펌프'를 만드는가 하면, 아르키메데스 나선의 접선에 관한 많은 성질을 소개한 《나선에 관하여On Spirals》라는 책을 쓰기도 했어요.

그럼, 지금부터는 아르키메데스 나선을 실제로 그려본 다음,
이 나선에 대해 자세히 알아보기로 할까요?

천성선이 가방에서 여러 가지 실험 도구들을 꺼내 놓았습니다.

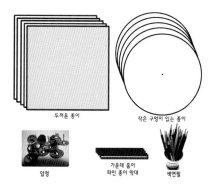

천성선은 아래 그림과 같이 조립한 후 아이들에게 나누어 주고 두 사람이 한 조가 되어 실험을 해 보도록 하였습니다.

한 사람은 종이 막대를 일정한 속도로 돌리고, 또 한 사람은 원판의 중심에서 바깥쪽으로 종이 막대의 홈을 따라 색연필을 일정한 속도로 움직여 선을 그어 보세요. 이때 주의할 점은 종이 막대나 색연필을 움직일 때 일정한 속도를 유지해야 한다는 것입니다.

아이들은 이렇게 간단한 도구로 아르키메데스 나선을 그릴 수 있다는 것이 신기한 듯 달려들어 실험을 하기 시작했습니다. 천성선은 분주히 돌아다니며 각 조의 실험이 제대로 이루어지도록 도와주었습니다. 처음에 실험이 잘 되지 않던 조들도 몇 번의 시행

착오를 거친 후 원판 위에 예쁜 모양의 곡선을 그려내었습니다.

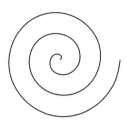

참 예쁘죠? 바로 이 곡선이 아르키메데스 나선이랍니다.

천성선이 들려주는 평면곡선 이야기

그럼, 이와 같은 나선을 식으로 표현할 수 있을까요?

밧줄이나 멍석, 두루마리 화장지에 나타난 아르키메데스 나선을 보면서 어떻게 식으로 나타낼 수 있을지 전혀 짐작이 되지 않죠? 또 나타낼 수 있다고 하더라도 매우 복잡한 형태의 식이 아닐까 하는 생각이 들지요?

하지만 의외로 극좌표 (r, θ)를 사용하여 $r=f(\theta)$의 꼴로 간단히 나타낼 수 있답니다.

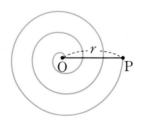

앞의 실험에서 종이 막대나 색연필이 일정한 속도로 움직여 나선을 그릴 때, 일정한 속도를 a, 출발점 O에서 점 P까지의 회전 각도를 θ라 하면, 점 O에서 P까지의 거리 r은 속도 a와 회전 각도 θ에 의해 결정됩니다.

따라서 아르키메데스 나선은 다음과 같이 간단한 식으로 나타낼 수 있어요.

$$r = a\theta$$

이 식에 따르면 한 번 회전할 때마다 r의 길이는 일정한 양만큼씩 늘어나 등차수열적으로 증가하게 됩니다. 이때 출발점 O는 극점이라고 해요.

이해하기가 쉽지 않죠? 예를 들어 구체적으로 알아볼까요?

속도 a를 2라고 합시다. 그러면 앞의 나선은 한 바퀴 회전할 때마다 코일 간의 간격이 2씩 증가하여 r의 길이가 2, 4, 6, 8, …과 같이 된다는 것을 뜻합니다.

로 그 나 선

자연계에서는 이 아르키메데스 나선을 발견하기가 매우 어렵습니다. 반면 로그나선은 쉽게 찾아볼 수 있어요. 앞에서 본 달팽이나 소라의 껍데기는 대부분 로그나선 모양을 하고 있습니다.

그럼, 이제 로그나선에 대해 알아볼까요?

먼저 로그나선을 그려 보기로 해요.

천성선은 실험 도구의 종이를 갈아 끼우도록 한 다음, 로그나
선을 그리는 방법에 대해 이야기하기 시작했습니다.

아르키메데스 나선을 그릴 때는 색연필점 P의 속도가 일정했었
지요? 이번에는 색연필의 속도를 극점 O에서 거리가 멀어짐에
따라 증가하는 방식으로 이동시켜 보세요.
어떤 모양의 곡선이 그려질까요?

아이들은 아르키메데스 나선을 그리며 시행착오를 많이 겪은
탓인지 로그나선은 쉽게 그렸습니다.

자, 다음과 같은 곡선이 그려지죠? 이 곡선이 바로 **로그나선** 또
는 **대수나선**입니다.

이 로그나선을 자세히 살펴보면, 색연필의 속도를 증가시켜 그
렸기 때문에 회전을 할 때마다 코일 간의 간격이 이전 회전에서
그린 코일 간의 간격보다 넓어진다는 것을 알 수 있어요. 이것이

로그나선이 아르키메데스 나선과 다른 중요한 특징 중 하나예요.

보다 정확히 이야기하면 회전각 θ가 똑같은 양만큼씩 증가하게 되면 극으로부터의 거리 r이 아르키메데스 나선은 일정한 양만큼씩 늘어나는 반면, 로그나선은 똑같은 비율, 즉 등비수열적기하급수적으로 증가하게 됩니다.

예를 들어 a가 2일 경우, 한 번 회전할 때마다 r의 길이가 4, 16, 64, 256, …과 같이 증가하여 코일 간의 간격이 12, 48, 192, …로 급격히 벌어지게 됩니다.

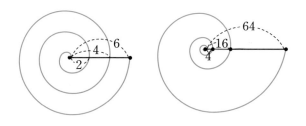

로그나선을 수학적으로 처음 나타낸 사람은 데카르트R. Descartes, 1596~1650로, 1638년 메르센느Mersenne, 1588~1648에게 보내는 편지에 적어 보냈다고 해요.

이 곡선의 매력에 푹 빠진 또 한 명의 수학자가 있었어요. 바로 야곱 베르누이J. Bernoulli, 1654~1705예요. 그는 로그나선의 모양이 신비로운 데에 탄복하여 많은 연구를 함은 물론, 이 곡선을 '경이로운 나선spira mirabilis' 이라고 부르기도 했어요. 이것에 만족하지 않고 더 나아가 그는 자신의 묘비에 다음의 비문과 함께 로그나선을 새겨 넣어 줄 것을 요청했어요.

EADEM MUTATA RESURGO 비록 바뀌었지만, 똑같을 것이다.

하지만 안타깝게도 그의 묘비를 새긴 조각가가 무식한 탓인지 아니면 빨리 일을 끝낼 생각으로 서둘러서인지 이유를 정확히 알 수는 없지만 로그나선 대신 아르키메데스 나선을 새겨 놓고 말았답니다.

바젤 성당에 있는 야곱 베르누이의 묘비

▨로그나선의 또 다른 이름, 등각나선

자! 이번에는 로그나선의 또 다른 중요한 성질을 알아보기로 해요.

천성선은 자와 각도기를 아이들에게 나누어 주고 다음의 순서에 따라 각의 크기를 재어 보도록 하였습니다.

아까 여러분이 그린 로그나선을 다 가지고 있죠? 지금부터 내가 말하는 순서에 따라 선을 긋고 각의 크기를 재어 보도록 합시다.

① 로그나선 위 원하는 곳에 네 개의 점 P_1, P_2, P_3, P_4를 찍는다.

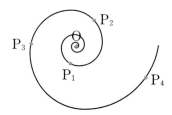

② ①에서 찍은 네 개의 점과 극점 O를 잇는 선을 각각 그린다.

③ 4개의 점에 대하여 그 점을 지나는 접선을 그린다.

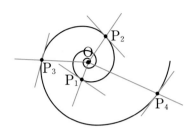

④ 마지막으로 ②와 ③에서 그은 두 선이 이루는 각의
크기를 재어 본다.

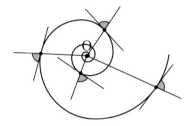

"선생님! 신기하게도 각의 크기가 모두 같아요."

그렇죠? 이것이 로그나선의 가장 중요한 특징 중 하나입니다.
나선 위 임의의 점 P에서의 접선과 극점 O, 점 P를 이은 선분이
이루는 각이 회전수에 관계없이 항상 같아요. 이런 이유로 로그
나선을 등각나선이라고도 합니다.

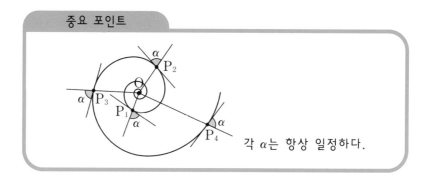

각 α는 항상 일정하다.

 이 특징은 로그나선을 이느 방향에서 보아도 똑같아 보이게 하는 역할을 합니다.

로그나선이 등각을 유지하는 것은 등비수열적으로 증가하는 나선의 코일 간의 간격과 관계가 있습니다. 달리 표현하면 등비수열적으로 증가하는 나선의 코일 간의 간격은 이 나선이 등각을 유지하기 위해 선택한 방법이라 할 수 있어요.

또 각 α의 크기는 코일 간의 간격, 즉 극으로부터의 거리 r에 영향을 주게 됩니다. 때문에 로그나선 역시 극좌표를 이용하여 α와 r의 관계식으로 다음과 같이 나타낼 수 있어요.

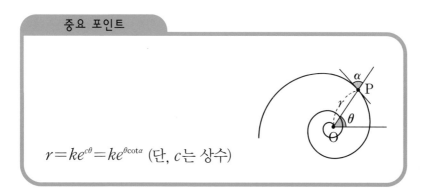

중요 포인트

$r = ke^{c\theta} = ke^{\theta\cot\alpha}$ (단, c는 상수)

α와 r이 서로에게 어떻게 영향을 미치는지 보다 구체적으로 예를 들어 알아볼까요?

앵무조개의 경우 선행 코일 사이의 간격이 1일 때, 다음 코일 사이의 간격은 3이 되는데, 이 경우에 각 α는 약 $80°$가 됩니다.

앵무조개나 암모나이트처럼 나선으로 돌돌 말려 성장하는 연체 동물의 종류는 보통 이 각이 80°와 85° 사이에 있습니다.

각 α가 80°보다 작아지면 코일 사이의 간격이 점점 넓어져다시 말해서 r의 값이 커져 나선의 모습이 거의 나타나지 않게 됩니다.

예를 들어, 어떤 코일의 길이가 1cm라고 합시다.

각 α가 80°이면 $r=3$이기 때문에 다음 코일의 폭은 3cm 정도 가 되고 다음은 9cm가 됩니다.

그러나 그 각이 70°이면 $r=10$으로 다음 코일의 폭은 10cm 로 간격이 넓어지게 되고, 그 다음 코일은 무려 100cm로 늘어나 게 됩니다.

각이 28°일 때는 r이 무려 100,000으로 커져 처음 코일의 폭 1cm가 다음에는 1km로 그 폭이 넓어지고, 그 다음은 10만km 까지 넓어지게 됩니다. 몇 번의 회전을 반복하게 되면 지구를 벗 어나 우주로 뻗어나가게 될 것입니다.

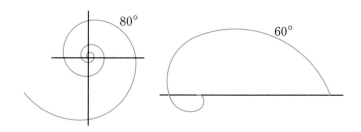

천성선이 들려주는 평면곡선 이야기

대합 역시 등각나선을 이루고 있지만, 앵무조개에 비해 각 α
가 작아 나선의 모양이 아닌 완만한 곡선을 발견하게 됩니다. 나
선을 볼 수 있을 때까지 대합이 무한히 성장할 수 있는 것도 아
니고요.

동물의 발톱 역시 등각나선을 따르고 있지만 그 각이 40° 이하
여서 구부러진 모양을 나타내기는 하지만 나선 모양은 발견하기
가 어렵습니다.

등각나선을 이루는 대합

▨황금나선은 로그나선의 특별한 경우예요

천성선이 이상하게 생긴 생물체의 사진과 나선 모양의 사진을
아이들에게 보여 주었습니다.

앵무조개

매우 특이하게 생겼죠? 이름은 앵무조개예요. 입 모양이 앵무새를 닮았다고 해서 그렇게 이름을 붙였다고 해요. 주로 인도양이나 태평양에서 서식하는데 달팽이처럼 생겼지만 오징어나 낙지와 비슷한 종류랍니다. 그 껍질의 속을 들여다보면 대략 35개 정도의 방으로 나누어져 있는데 이 방들은 그림과 같이 나선 모양으로 돌돌 감겨져 있어요.

황금나선을 이루는 앵무조개

이 앵무조개 안의 아름다운 나선의 모양 역시 로그나선이에요. 하지만 로그나선보다는 보통 황금나선이라고 불리고 있습니다. 이 나선의 경우 황금비율이 적용된 황금사각형을 기본 틀로 해서

천성선이 들려주는 평면곡선 이야기

만들 수 있기 때문이에요.

그럼, 황금나선을 한번 그려 볼까요?

먼저 황금사각형을 그려 보아야겠지요? 다음 과정에 따라 함께

그려 봅시다.

① 먼저 적당한 크기의 정사각형 ABCD를 그린다.

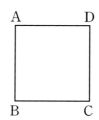

② 정사각형의 윗변과 아랫변의 중점을 찾고 그것을 연결하여 선분 MN을 그린다.

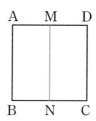

③ 점 M과 C를 연결하여 대각선을 긋는다.

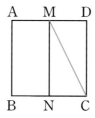

④ M을 중심으로 하고, 대각선 MC를 반지름으로 하

는 호를 그린다.

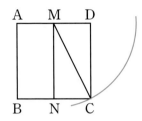

⑤ 변 AD의 연장선을 그어 ③에서 그린 호와 만나는
점을 E라 한다.

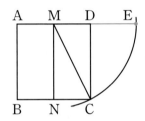

⑥ 점 E를 지나는 선분 AE의 수직선과 변 BC의 연장
선을 그어 만나는 점을 F라 한다.

⑦ 이때 만들어진 사각형 ABFE가 황금사각형이다.

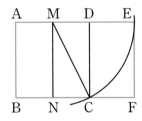

$\overline{AB} : \overline{AE} = 1 : 1.618$

드디어 황금사각형이 만들어졌어요. 이 황금사각형은 유클리드가 황금비율을 적용하여 나타내기 시작했다고 해요.

이제부터는 이 사각형을 이용하여 황금나선을 그려 보기로 해요.

① 직사각형의 짧은 변을 한 변으로 하는 정사각형을 그린다. 그러면 정사각형이 아닌 부분은 또 다른 작은 황금사각형이 된다.

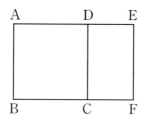

② 이번에는 작은 황금사각형에서 짧은 변을 한 변으로 하여 정사각형을 그린다. 이때 또 다시 두 번째 황금사각형보다 더 작은 황금사각형이 생기게 된다.

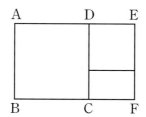

천성선이 들려주는 평면곡선 이야기

③ 이런 식으로 계속하면 점점 더 작은 황금사각형들이 생겨나게 된다.

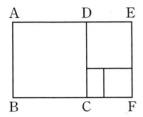 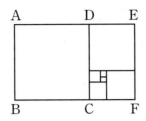

④ 그릴 수 있는 데까지 정사각형을 그린 후 화살표 방향으로 각 정사각형 안에 사분원을 그린다. 그러면 그림과 같은 황금나선이 그려진다.

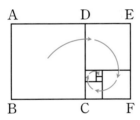 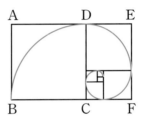

그림을 자세히 살펴보면 황금나선은 물론 큰 황금사각형 내부에서 만들어지는 작은 황금사각형들 또한 다음 두 대각선의 교차점을 향해 계속 이어짐을 확인할 수 있어요.

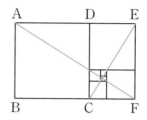

이때 두 대각선 또한 서로 황금분할 관계를 가지고 있답니다.

1992년 마틴 가드너는 황금분할이 가지고 있는 신성한 특징을 생각하며 이 교차점을 '신의 눈The Eye of God'이라 부르기도 했어요.

황금나선은 피보나치 수를 이용해 만들기 때문에 **피보나치 나선**이라고도 합니다.

▨자연의 본능적 선택, 로그나선

로그나선은 다른 나선들에 비해 자연에서 많이 발견됩니다.

앵무조개 외에 숫양의 뿔, 고양이의 갈고리 발톱, 검치 호랑이의 송곳니, 달팽이 등의 수많은 복족류, 귓속의 달팽이관 등에서 찾을 수 있지요.

브로콜리나 해바라기 씨의 배열에서도 서로 다른 두 방향의 로그나선을 발견할 수 있어요.

로그나선을 발견할 수 있는 브로콜리, 해바라기 씨

자연계에서 나선은 세포들의 성장률 차이로 인해 형성되기도 하고, 공간을 경제적으로 질서 있게 메울 필요에 의해 자연이 선택하기도 합니다. 세포들의 크기가 점점 커지는 경우, 느리게 성장하는 부분이 외부에서 빠르게 성장하는 부분에 의해 차츰 둘러싸이게 되면서 로그나선을 형성하게 됩니다.

앞에서 소개한 앵무조개는 집을 넓히면서 연속적으로 둥글게 돌아가는 관 모양을 만들게 되는데, 크기가 점점 커지게 되면 어떤 물질을 분비하여 격벽을 만들면서 성장합니다. 피터 스티븐스Peter Stevens에 따르면 이렇게 만들어진 벽들의 성장 속도 차이로 인해 자동적으로 나선 형태가 나타난다고 합니다. 때문에 앵무조개는 크기가 커지더라도 크기만 바뀔 뿐 모양은 그대로 유지됩니다.

천성선은 다음의 글이 쓰여진 종이를 나누어 주며 말을 이어갔습니다.

❺

마틴 가드너[5]Martin Gardner는 1959년 8월 〈사이언티픽 아메리칸Scientific American〉지에 다음과 같이 쓰고 있어요.

로그나선은 자라더라도 모양이 변하지 않는 유일한 종류의 나선이기 때문에 자연에서 그렇게 자주 발견되는 것이다. 앵무조개의 몸이 커짐에 따라 항상 같은 집에 머물 수 있도록 조개껍데기는 로그나선을 따라 성장한다. 로그나선의 중앙 역시 현미경을 가지고 보면 정확히 로그나선이고, 은하수만큼 커질 때까지 곡선을 계속 연장하면 아주 멀리서 보더라도 역시 똑같은 모양일 것이다.

또 로그나선을 매우 현명하게 이용할 줄 아는 새도 있답니다.

천체 물리학자 마리오 리비오Mario Livio에 따르면 송골매는 시속 320km의 놀라운 속도로 날아갈 수 있음에도 불구하고 사냥감을 발견하면 직선 방향으로 곧장 날아가지 않고 로그나선을 따라 빙 돌아 접근한다고 합니다.

도망가는 사냥감의 속도에 비해 훨씬 빨리 날 수 있다는 자만심 때문일까요?

그 이유는 송골매 눈의 위치에 있습니다. 송골매의 눈은 머리의 양측에 위치하고 있어 사냥감을 정면으로 보려면 40° 각도로 머리를 틀어야 합니다. 때문에 송골매가 몸의 축 방향으로 사냥감을 바라보면서 곧장 날아가기 위해서는 머리를 40° 각도로 틀어야 하므로 공기의 저항으로 비행 속도가 느려지고 비행시간 또한 길어지게 됩니다.

이때 송골매가 본능적으로 선택한 방법은 머리를 틀지 않고 옆으로 사냥감을 계속 응시한 채 나선을 그리며 날아가는 것이었습니다. 즉 날아가는 내내 송골매 몸의 축은 사냥감과 40° 각도를 이루며 등각나선을 따라 날아가게 되는 것이죠.

로그나선은 허리케인의 구름이나 중심부가 팔보다 빠르게 회
전하는 나선은하의 팔에서도 발견됩니다.

나선은하

　이렇듯 자연은 시간의 흐름에 맞춰 세상을 바꿔가고 있는 것
같지만 실제로는 철저한 수학적인 계산 아래 생명을 효율적으로
유지하고 아름다움을 드러내고 있다는 것을 알 수 있습니다.

다섯번째
수업 정리

1 나선의 종류

아르키메데스 나선, 로그나선, 쌍곡나선, 페르마 나선 등 나선의
종류는 매우 다양합니다.

2 아르키메데스 나선

밧줄을 둥그렇게 감을 때 나타나는 나선을 아르키메데스 나선이
라고 합니다.

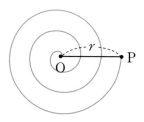

• 아르키메데스 나선은 속도 a와 회전 각도 θ, 극점 O에서 점 P
  까지의 거리 r의 관계식으로 다음과 같이 나타낼 수 있습니다.

$$r = a\theta$$

이것은 한 번 회전할 때마다 r의 길이는 일정한 양만큼씩 늘어나 등차수열적으로 증가한다는 것을 뜻합니다.

❸ 로그나선

로그나선은 달팽이나 소라 등 자연에서 가장 많이 나타나는 나선입니다.

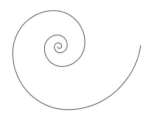

- 로그나선은 나선 위의 한 점에서 극점을 연결한 선분과 접선 사이의 각 α, 극점 O에서 점 P까지의 거리 r의 관계식으로 다음과 같이 나타낼 수 있습니다.

    $r = ke^{c\theta} = ke^{\theta\cot\alpha}$ (단, c는 상수)

이 식에 따르면 로그나선은 한 번 회전할 때마다 극으로부터의 똑같은 비율, 즉 등비수열적으로 증가하게 됩니다.

• 로그나선은 등각나선이라고도 합니다.

이것은 나선 위 임의의 점 P에서의 접선과 극점 O와 점 P를
이은 선분이 이루는 각이 회전수에 관계없이 항상 같기 때문입
니다.

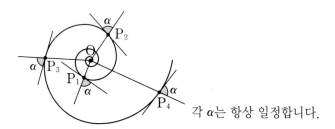

각 α는 항상 일정합니다.